Hundeführerschein & Sachkundenachweis mit Leichtigkeit

Das Praxisbuch: Mit dem notwendigen Wissen und Können im Handumdrehen zum Hundeführerschein

Sebastian Wiesner

Alle Ratschläge in diesem Buch wurden vom Autor und vom Verlag sorgfältig erwogen und geprüft. Eine Garantie kann dennoch nicht übernommen werden. Eine Haftung des Autors beziehungsweise des Verlags für jegliche Personen-, Sach- und Vermögensschäden ist daher ausgeschlossen.

ISBN: 978-3-969304402

Email: info@edition-lunerion.de
www.edition-lunerion.de

Psiana eCom UG
Berumer Str. 44
26844 Jemgum

INHALT

Vorwort 1

2 Hände und 4 Pfoten 2

Überblick 4

Übersicht *6*

Die Prüfung *9*

Lernen mit dem Buch: Prüfungsvorbereitung & erfolgreiches Lernen *11*

Basiswissen 1 – Allgemeines 13

Rassenkunde *13*

Domestikation *27*

Entwicklungsgeschichte *29*

Fragen zur Vorbereitung für die Theorieprüfung *31*

Basiswissen 2 – Welpenkunde 36

Welpenauswahl *36*

Züchter *39*

Entwicklungsphasen des Welpen *40*

Erste Schritte im neuen Zuhause *50*

Grundausstattung *55*

Fragen zur Vorbereitung für die Theorieprüfung *60*

Basiswissen 3 – Lerntheorie & Verhalten 65

Habituation & Sensitivierung *66*

Klassische & operante Konditionierung *68*

Lob & Strafe *71*

Rudelverhalten mit dem Menschen *78*

Grundkommandos *80*

Training sinnvoll aufbauen *85*

Fragen zur Vorbereitung für die Theorieprüfung *88*

Basiswissen 4 – Wesen des Hundes & Kommunikation 93

Körpersprache des Hundes 93

So liest der Hund – Körpersprache des Menschen 101

Kommunikation zwischen Mensch & Hund 102

Verhalten 104

Fragen zur Vorbereitung für die Theorieprüfung 109

Basiswissen 5 – Hundegesundheit 114

Vitalwerte & allgemeiner Eindruck 114

Hundekrankheiten 123

Gesundheitsvorsorge 128

Impfungen 132

Erste Hilfe & Notversorgung 134

Fragen zur Vorbereitung für die Theorieprüfung 137

Basiswissen 6 – Alltag mit dem Hund 142

Kinder & Hunde 148

Strassenverkehr 152

Probleme mit dem Hund 154

Alltägliche Regeln zur Konfliktvermeidung 157

Fragen zur Vorbereitung für die Theorieprüfung 158

Praktische Prüfung: Übungskatalog 164

Praktische Prüfung: Ablenkungsarme Umgebung in einem öffentlichen Bereich 165

Praktische Prüfung: Öffentlicher Bereich 167

Praktische Prüfung: Innerstädtischer Bereich 173

Bonus: Das Rundum-Basistraining in 5 Wochen 177

Ein Bund fürs Leben 180

Lösungen 182

Vorwort

Liebe Hundebesitzer, zukünftige Hundeführer und Hundefreunde,

herzlich willkommen zu diesem Buch zum Thema „Hundeführerschein". In diesem Buch lernen Sie wichtiges Hintergrundwissen rund um die Welt der Vierbeiner kennen. Dabei übermittelt Ihnen dieser kompakte Ratgeber viele Informationen, praktische Übungen, Anwendungen und einige Tipps, die Sie gemeinsam mit Ihrem Hund anwenden und umsetzen können. Die einzelnen Kapitel sind einfach, verständlich sowie bildhaft aufgearbeitet und deshalb als ein übersichtliches und zugleich interessantes Format verpackt, das Ihnen detailliertes Hintergrundwissen zu Hunden sowie dem Hundeführerschein und dem Sachkundenachweis mit seinen einzelnen Elementen vermittelt.

Aufgrund der detaillierten und anschaulichen Erläuterungen der Kommandos und der einzelnen Übungen können Sie diese direkt ausprobieren. Die jeweiligen Frageblocks am Ende jedes Kapitels dienen zudem als optimale Vorbereitung auf die Theorieprüfung.

Nun steht Ihnen also nichts mehr im Wege, um die Beziehung zu Ihrem Vierbeiner zu stärken sowie auszubauen und ein glückliches Leben in inniger Freundschaft zu verbringen.

2 Hände und 4 Pfoten

Hunde werden oftmals als bester Freund des Menschen bezeichnet. Die Vierbeiner wedeln aufgeregt und glücklich mit ihrem Schwanz, wenn wir nach Hause kommen, lieben es, wenn wir mit ihnen Zeit verbringen und sie streicheln oder mit ihnen spielen. Doch Hunde sind nicht nur für uns Menschen treue Freunde, die uns auf unserem Weg durchs Leben begleiten, denn auch wir bedeuten den Vierbeinern die Welt. Die enge Beziehung, die wir zu unserer Fellnase aufbauen und entwickeln, ist dabei unglaublich wertvoll und bereichernd zugleich. Ein Band, das ein Leben lang bestehen bleibt.

Grundsätzlich sind Hunde Rudeltiere, die die Bindung zu ihrer Bezugsperson ganz instinktiv entwickeln. Doch warum Hunde nun eigentlich solch treue Gefährten sind, wie sich ihr Kontakt zu den Menschen entwickelt hat, aus welcher Tierart heraus sie entstanden sind und was das alles mit der sogenannten Domestizierung zu tun hat, wissen nur die wenigsten, weshalb das vorliegende Buch auf all diese und noch viele weitere Fragen Antworten liefert.

Zunächst rückt das Buch aber erst einmal den Hundeführerschein und den Sachkundenachweis ins Zentrum der Aufmerksamkeit und erläutert im Zuge dessen, was sich hinter den beiden Begriffen verbirgt, wie sowohl der theoretische Teil der Prüfung als auch der praktische Teil aufgebaut sind und welche Unterschiede zwischen den einzelnen Bundesländern bestehen. Da das vorliegende Buch auf jegliches Hintergrundwissen zum Thema eingeht, eignet es sich hervorragend zum erfolgreichen Bestehen der Prüfung. Am Ende von jedem Basiskapitel findet sich zudem ein Fragenblock wieder, der als Vorbereitung auf die theoretische Prüfung zum Lernen dient.

Nachdem allgemeine Hintergrundinformationen zum Hundeführerschein und zum Sachkundenachweis erläutert wurden, steigt das Buch in das erste von sechs Kapiteln zum Basiswissen ein. Im ersten Teil liegt der Fokus dabei auf Allgemeinem, wie der Rassenkunde, der Domestikation und der Entwicklungsgeschichte des Hundes.

Im zweiten Basiskapitel werden dann alle wichtigen Informationen zur Welpenkunde präsentiert, wobei das Buch neben Tipps zur grundsätzlichen Welpenauswahl auch auf den Züchter, die Entwicklungsphasen des Welpen sowie auf erste gemeinsame Schritte im neuen Zuhause und eine sinnvolle Grundausstattung eingeht.

Daran anknüpfend folgen im dritten Basiskapitel zahlreiche Informationen, Tipps und Tricks zur Lerntheorie und dem Verhalten von Hunden. Im Zuge dessen werden die Säulen der Lerntheorie thematisiert. Dabei rücken die Habituation und die Sensitivierung, die klassische und die operante Konditionierung sowie Lob und Strafe in den Vordergrund. Anschließend widmet sich das nächste Unterkapitel dem Rudelverhalten mit dem Menschen, bevor verschiedene Anleitungen zu Grundkommandos sowie Tipps zum sinnvollen Aufbau des Trainings folgen.

Im Kapitel Basiswissen vier dreht sich dann alles um das Wesen des Hundes und seine Kommunikation. Hierbei beleuchtet das Buch zum einen die Körpersprache der Fellnasen und gibt ferner Aufschluss darüber, wie Hunde die Körpersprache des Menschen lesen. Im Anschluss werden weitere Informationen zur Kommunikation zwischen Mensch und Hund sowie zu den unterschiedlichen Verhaltensweisen der Vierbeiner erläutert.

Nicht unbeachtet bleiben darf natürlich auch die Gesundheit von Hunden, der sich der nächste Block des Basiswissens widmet. Im Rahmen des fünften Kapitels werden Vitalwerte und der allgemeine Eindruck, verschiedene Hundekrankheiten, die Gesundheitsvorsorge, Impfungen sowie Erste Hilfe und die Notversorgung thematisiert, damit Sie bestens über alle potentiellen Erkrankungen und Vorsorgeuntersuchungen Ihres Vierbeiners informiert sind.

Danach schließt das sechste und letzte Kapitel zum Basiswissen mit dem Alltag des Hundes ab. Im Zuge dessen liegt der Schwerpunkt auf allgemeinen Informationen, die im täglichen Leben mit einem Vierbeiner beachtet werden müssen. Hierzu zählen insbesondere rechtliche Aspekte, wie Gesetze, Verordnungen oder Versicherungen, aber auch der Umgang von Kind und Hund, Regeln im Straßenverkehr, alltägliche Probleme mit dem Hund und Regeln zur Konfliktvermeidung.

Bevor das Buch mit letzten Schlussgedanken abschließt, widmet es sich in einem Extrakapitel zunächst noch der praktischen Prüfung und präsentiert einen Übungskatalog, der zur Vorbereitung dienen soll. Das daran anknüpfende Bonuskapitel mit einem Rundum-Basistraining in fünf Wochen soll Sie abschließend noch einmal in Ihrer gemeinsamen Trainingsplanung lenken.

Überblick

Der Hundeführerschein & Sachkundenachweis

Der **Hundeführerschein** ist ein Befähigungsnachweis für Halter von Hunden. Er bestätigt, dass Hundebesitzer ihren Hund so unter Kontrolle haben, dass dieser für Menschen und Tiere keinerlei Gefahr darstellt. Um den Hundeführerschein zu erlangen, müssen Besitzer und Hund eine Prüfung ablegen.

Die Prüfung zum Erlangen des Hundeführerscheins besteht aus einem **praktischen** und einem **theoretischen** Teil. Dabei wird sowohl die Sachkunde und die Sozialverträglichkeit des Halters geprüft sowie der Grundgehorsam des Hundes bewertet. Die Gültigkeit des Hundeführerscheins beläuft sich dabei auf das Zusammenleben von Mensch und Vierbeiner. Wenn Sie sich also einen neuen oder einen weiteren Hund anschaffen möchten, müssten Sie die Prüfung erneut absolvieren. Die Kosten für einen Hundeführerschein liegen in der Regel zwischen 90 und 130 Euro, wobei der Betrag je nach Bundesland und Prüfenden variieren kann.

Grundsätzlich ist das Hundegesetz Ländersache, weshalb es weder bundeseinheitliche Regelungen noch eine bundesweite Hundeführerscheinpflicht oder einen einheitlichen Hundeführerschein gibt. Aus diesem Grund legen Vereine und Verbände die Prüfungsinhalte ganz individuell fest. Wenn Sie sich also einen neuen Hund zulegen oder gemeinsam mit Ihrem Vierbeiner in ein anderes Bundesland ziehen möchten, sollten Sie sich unbedingt bereits im Vorfeld mit den gesetzlichen Bestimmungen Ihres Wahlbundeslandes beschäftigen. Hundehalter müssen nicht nur die gesetzlichen Vorgaben auf Bundesebene einhalten, sondern vor allem auf die Regelungen auf landesrechtlicher Ebene achten. Sollte es aus

Unwissenheit zu Verstoßen kommen, müssen Hundebesitzer im schlimmsten Fall mit Strafen rechnen. Abgesehen davon lohnt es sich in jedem Fall, sich nach den lokalen Regelungen an Ihrem Wohnort zu erkundigen. Denn in vielen Orten Deutschlands können Hundehalter von dem Besitz eines Hundeführerscheins sogar profitieren.

Good to know: In München erhalten Hundefreunde bei Besitz eines Hundeführerscheins etwa Vergünstigungen bei der Hundesteuer und in Hamburg sowie Schleswig-Holstein entfällt die allgemeine Leinenpflicht für Hunde mit Hundeführerschein.

Darüber hinaus muss der Hundeführerschein vom sogenannten **Sachkundenachweis** abgegrenzt werden. Obwohl die Begriffe umgangssprachlich gleichwertig verwendet werden, bestehen in der Praxis zwischen den beiden Arten des Nachweises Unterschiede, die etwa durch verschiedene Anforderungen an die Hundebesitzer je Bundesland zum Ausdruck kommen.

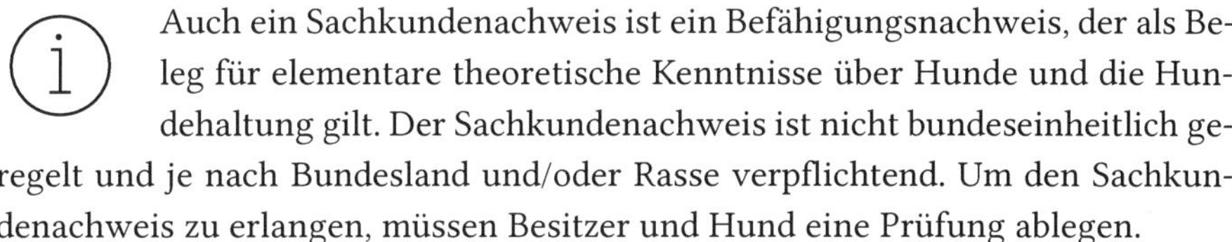

Auch ein Sachkundenachweis ist ein Befähigungsnachweis, der als Beleg für elementare theoretische Kenntnisse über Hunde und die Hundehaltung gilt. Der Sachkundenachweis ist nicht bundeseinheitlich geregelt und je nach Bundesland und/oder Rasse verpflichtend. Um den Sachkundenachweis zu erlangen, müssen Besitzer und Hund eine Prüfung ablegen.

Prinzipiell handelt es sich bei beiden Nachweisarten um einen Befähigungsnachweis für Hundehalter. Im Gegensatz zum Hundeführerschein werden bei einem Sachkundenachweis immer die theoretischen Kenntnisse geprüft, wohingegen eine praktische Prüfung nicht immer vorgeschrieben ist. Da es jedoch verschiedene Arten von Sachkundenachweisen gibt, unterscheiden sich diese deutlich – je nach Bundesland sowie Nachweisart – voneinander, sodass einige Prüfungen sowohl aus einem theoretischen als auch aus einem praktischen Teil bestehen.

Deshalb gilt auch beim Sachkundenachweis: Erkundigen Sie sich nach den Anforderungen der jeweiligen Behörden Ihres Bundeslandes, da es hier wiederum unterschiedliche Regelungen gibt. So kann ein Sachkundenachweis, je nach Regelung, für die generelle Hundehaltung oder nur für das Halten bestimmter Hunderassen eine Voraussetzung sein. In einigen Bundesländern muss zum Beispiel ein theoretischer Sachkundenachweis zusätzlich zum zertifizierten Hundeführerschein vorgelegt werden. In der Regel wird die Prüfung zum Sachkundenachweis von anerkannten Hundetrainern, Tierärzten oder Sachverständigen durchgeführt. Außerdem ist der Sachkundenachweis, im Gegensatz zum Hundeführerschein, ein Leben lang gültig.

Die unterschiedlichen Regelungen sowie die Vielfalt verschiedener Kursangebote führen oftmals zu Verwirrung und Unsicherheit seitens der Hundebesitzer. Zudem erschweren die Unterschiede in den Anforderungen der Prüfungen sowie den Inhalten des Trainings den Hundehaltern die Auswahl. Dazu kommt noch, dass die behördliche Anerkennung des erworbenen Zertifikats – sei es nun der Hundeführerschein oder der Sachkundenachweis – nicht durch jeden Anbieter garantiert werden kann. Deshalb ist es so wichtig, dass Sie sich bereits im Vorfeld nach den jeweiligen Bestimmungen Ihres Bundeslandes sowie gegebenenfalls den Rahmenbedingungen der angebotenen Kurse erkundigen, um sich zusätzliche Kosten und späteren Ärger zu ersparen.

ÜBERSICHT

Baden-Württemberg	• grundsätzlich ist kein Hundeführerschein oder ein Sachkundenachweis verpflichtend • für die Haltung eines Kampfhundes ist eine behördliche Erlaubnis erforderlich, dafür wird ein Sachkundenachweis benötigt (theoretischer & praktischer Teil bei der Prüfung)
Bayern	• grundsätzlich ist kein Hundeführerschein oder ein Sachkundenachweis verpflichtend • die Vorlage eines Negativzeugnisses für Hunde der Kategorie II ist für die Erteilung der Erlaubnis zur Haltung von einem Listenhund notwendig • zu den erforderlichen Kenntnissen für die Sachkunde gibt es keine genauen Regelungen • der Hundeführerschein wird in einigen Gemeinden freiwillig mit einer Reduzierung der Hundesteuer belohnt
Berlin	• grundsätzlich ist kein Hundeführerschein oder ein Sachkundenachweis verpflichtend • generelle Leinenpflicht • für das Führen ohne Leine ist ein Hundeführerschein notwendig (theoretischer & praktischer Teil bei der Prüfung)

	• Besitzer von potentiell gefährlichen Rassen benötigen einen Sachkundenachweis (theoretischer & praktischer Teil bei der Prüfung)
Brandenburg	• grundsätzlich ist kein Hundeführerschein oder ein Sachkundenachweis verpflichtend • Besitzer von Kampfhunden benötigen einen Sachkundenachweis, wodurch ein Negativzeugnis durch die zuständige Behörde ausgestellt werden kann und somit die Haltung des Tieres erlaubt wird
Bremen	• grundsätzlich ist kein Hundeführerschein oder ein Sachkundenachweis verpflichtend • das Halten eines gefährlichen Hundes setzt die schriftliche Erlaubnis (Sachkundenachweis) der zuständigen Behörde voraus
Hamburg	• grundsätzlich ist kein Hundeführerschein oder ein Sachkundenachweis verpflichtend • Anleinpflicht für alle Hunde • Befreiung der Anleinpflicht durch den Nachweis einer Gehorsamsprüfung bzw. einer vergleichbaren Prüfung (Hundeführerschein) • Besitzer von gefährlichen Hunden benötigen zudem einen Sachkundenachweis
Hessen	• grundsätzlich ist kein Hundeführerschein oder ein Sachkundenachweis verpflichtend • die Haltung eines gefährlichen Hundes bedarf eine Erlaubnis der zuständigen Behörde -> dafür sind ein Sachkundenachweis und eine positive Wesensprüfung vom Hund notwendig
Mecklenburg-Vorpommern	• grundsätzlich ist kein Hundeführerschein oder ein Sachkundenachweis verpflichtend • Besitzer von gefährlichen Hunden brauchen die Erlaubnis der zuständigen Ordnungsbehörde, zusätzlich wird ein Sachkundenachweis benötigt (theoretischer & praktischer Teil bei der Prüfung)
Niedersachsen	• Ersthundehalter benötigen zwingend einen Hundeführerschein (theoretischer & praktischer Teil bei der Prüfung) -> die Theorieprüfung muss bereits vor Anschaffung des Hundes abgelegt werden, der praktische Teil muss innerhalb eines Jahres erfolgen

Nordrhein-Westfalen	• grundsätzlich ist kein Hundeführerschein oder ein Sachkundenachweis verpflichtend • Besitzer von gefährlichen Hunden sowie Listenhunden benötigen einen Sachkundenachweis • jede Person, die den Hund führt, muss den entsprechenden Nachweis vorlegen • ein Sachkundenachweis ist zudem für große Hunde erforderlich, den jedoch nur der Hundehalter selbst besitzen muss
Rheinland-Pfalz	• grundsätzlich ist kein Hundeführerschein oder ein Sachkundenachweis verpflichtend • Besitzer von gefährlichen Hunden benötigen einen Sachkundenachweis (theoretischer & praktischer Teil bei der Prüfung)
Saarland	• grundsätzlich ist kein Hundeführerschein oder ein Sachkundenachweis verpflichtend • Besitzer von gefährlichen Hunden benötigen einen Sachkundenachweis, der sich jedoch ausschließlich auf den vorgestellten Hund bezieht (demnach keine Bescheinigung über generelle Sachkunde)
Sachsen	• grundsätzlich ist kein Hundeführerschein oder ein Sachkundenachweis verpflichtend • Besitzer von gefährlichen Hunden benötigen einen Sachkundenachweis (theoretischer & praktischer Teil bei der Prüfung)
Sachsen-Anhalt	• grundsätzlich ist kein Hundeführerschein oder ein Sachkundenachweis verpflichtend • gehört der Hund nach den gesetzlichen Bestimmungen des Bundeslandes einer gefährlichen Rasse an, ist für die Erlaubnis zur Haltung ein Wesenstest erforderlich, zusätzlich wird ein Sachkundenachweis benötigt (theoretischer & praktischer Teil bei der Prüfung)
Schleswig-Holstein	• grundsätzlich ist kein Hundeführerschein oder ein Sachkundenachweis verpflichtend • Besitzer von gefährlichen Hunden benötigen einen Sachkundenachweis (theoretischer & praktischer Teil bei der Prüfung)
Thüringen	• grundsätzlich ist kein Hundeführerschein oder ein Sachkundenachweis verpflichtend • Besitzer von gefährlichen Hunden benötigen einen Sachkundenachweis (theoretischer & praktischer Teil bei der Prüfung)

DIE PRÜFUNG

Der Grundgedanke hinter der Prüfung ist, dass der Hundehalter einen gültigen Nachweis der persönlichen Eignung zum verantwortungsvollen und vorausschauenden Führen seines Hundes in der Öffentlichkeit erlangen kann. Die erfolgreich bestandene Prüfung gilt hierbei als Nachweis für das theoretische Fachwissen über Hunde. Weiterhin weist die bestandene Prüfung nach, dass der Halter Kenntnisse über rechtliche Aspekte aufweist, Einsichten in die Bedürfnisse des Hundes besitzt und den eigenen Hund in der Öffentlichkeit sachkundig halten und führen kann, sodass Gefahren und/oder Belästigungen vermieden werden können. Dabei überprüft der Hundeführerschein auf der einen Seite das **Fachwissen** des Hundehalters und bewertet auf der anderen Seite, wie Besitzer und Hund **verschiedene Alltagssituationen gemeinsam meistern**. Da der Hundeführerschein umfangreicher als der Sachkundenachweis ist und in der Regel alle Inhalte umfasst, die vom Gesetzgeber vorgeschrieben sind, wird der Hundeführerschein von öffentlichen Behörden oftmals als Sachkundenachweis akzeptiert.

Der theoretische Teil

Beim theoretischen Teil der Prüfung müssen Hundebesitzer einige **Multiple-Choice-Fragen** zu den Themen **Hundehaltung**, **Hundeerziehung** sowie **Hundeverhalten** beantworten. Dabei sind die Themen jedoch nicht einheitlich festgelegt und können, je nach Verein und Verband, zwischen den folgenden Themenfeldern variieren:

- soziales Verhalten und Kommunikation von Hunden
- Erziehung, Ausbildung und Lerntheorie
- Aggressionen und Angstverhalten des Hundes
- Pflege und Haltung von Hunden
- Wissen zu den verschiedenen Hunderassen
- Gesundheit sowie Fortpflanzung von Hunden
- Ernährung von Hunden
- Rechte und Gesetze zur Haltung von Hunden

Die Dauer der Theorieprüfung beläuft sich auf rund **1 bis 2 Stunden**, wobei der theoretische Teil der Prüfung häufig online absolviert werden kann. In einigen Fällen muss die Prüfung jedoch auch bei einem **anerkannten Prüfer vor Ort** abgelegt werden. Sobald mindestens **80 Prozent** aller Fragen korrekt beantwortet wurden, gilt die Theorieprüfung als erfolgreich bestanden. Nur die Hundebesitzer, die den theoretischen Teil der Prüfung bestanden haben, werden auch zur praktischen Prüfung zugelassen.

Der praktische Teil

Beim praktischen Teil der Prüfung müssen die Hundehalter beweisen, dass sie ihren Hund in jeder denkbaren Alltagssituation zu jeder Zeit **unter Kontrolle** haben. Hierfür werden oftmals öffentliche Plätze wie Hundewiesen oder Fußgängerzonen aufgesucht. Insgesamt kann die praktische Prüfung zwischen **zwei bis drei Stunden** dauern. Die praktische Prüfung wird von einer speziell **geschulten Person** mit nachgewiesener Qualifikation durchgeführt. Diese bewertet auf der einen Seite sowohl das **vorausschauende** als auch das **tiergerechte Verhalten** des Hundebesitzers und achtet auf der anderen Seite darauf, wie sich der geprüfte Hund anderen **Tieren sowie Menschen gegenüber verhält**. Demnach wird also weder der Halter noch der Hund im Einzelnen geprüft, sondern vielmehr das jeweilige Team. Von besonderer Wichtigkeit für die praktische Prüfung sind die nachfolgenden Punkte:

- Gehorsamkeit des Hundes
- lockeres Laufen des Hundes an der Leine
- Entspannungsgrad des Hundes
- Umgang des Hundes mit Menschenmengen, Artgenossen oder Autos
- Befolgung der wichtigsten Grundkommandos durch den Hund

Selbst wenn der erste Anlauf bei der Prüfung nicht direkt erfolgreich sein sollte, müssen Sie keinesfalls besorgt sein. Denn die Prüfung zum Hundeführerschein kann **beliebig oft wiederholt** werden – sowohl die Theorie als auch die Praxis, und das ganz unabhängig voneinander. Darüber hinaus gibt es einige **Zulassungsvoraussetzungen**, die Halter und Hund erfüllen müssen, um an den Prüfungen teilnehmen zu können. Diese können zwar individuell festgelegt werden, grundsätzlich gelten jedoch folgende Voraussetzungen für die Teilnahme an den Prüfungen:

- Der Hundehalter muss mindestens 16 Jahre alt sein.
- Der Hund muss mindestens 12 Monate alt sein, wobei – je nach Reifungsprozess des Hundes – ein Alter von zwei bis drei Jahren empfohlen wird.
- Für den Hund muss der Nachweis einer gültigen Hundehaftpflichtversicherung vorgelegt werden.

- Für den Hund muss der Nachweis über einen, nach den gesetzlichen Bestimmungen des jeweiligen Bundeslandes, genügenden Impfschutz mittels EU-Heimtierausweis erbracht werden. Außerdem benötigt das Tier einen implantierten Mikrochip, über den der Hund identifiziert werden kann.
- Am Tag, an dem die praktische Prüfung abgelegt wird, muss der Hund gesund, parasitenfrei, nicht läufig und entsprechend seiner körperlichen Verfassung in der Lage sein, die Prüfung abzulegen.
- Der Hund darf nur einmal pro Tag durch die Prüfung geführt werden.

LERNEN MIT DEM BUCH: PRÜFUNGSVORBEREITUNG & ERFOLGREICHES LERNEN

Jede Prüfung ist immer mit einer gewissen Grundnervosität verbunden, der man im Vorfeld jedoch durch eine gute und intensive Lernphase entgegenwirken kann. Wie, wo und mit wem Sie lernen, bleibt dabei vollkommen Ihnen überlassen. Eine Möglichkeit besteht natürlich darin, dass Sie sich – ganz unabhängig davon, wo Sie die Prüfung absolvieren möchten – auf der zuständigen Vereins- bzw. Verbandswebseite Ihres Wohnortes informieren. Oftmals werden Sie dort bereits fündig und werden mit hilfreichen Informationen und verschiedenen Literaturempfehlungen versorgt.

Eine andere Möglichkeit besteht darin, dieses Buch aufmerksam zu lesen und durchzuarbeiten und sich somit das entsprechende Wissen zum Thema anzueignen. Das vorliegende Buch ist explizit zum erfolgreichen Bestehen des Hundeführerscheins sowie des Sachkundenachweises geeignet. Denn es vermittelt Basiswissen in mehreren Teilen und schließt mit einem anschließenden Frage- und Antwortkatalog zur gezielten Vorbereitung ab.

Neben diesem Buch empfiehlt es sich außerdem, einige Videos im Internet anzuschauen, die einen Einblick in den Ablauf des praktischen Teils der Prüfung geben. Die Videos können darüber hinaus bei der aktiven Vorbereitung helfen, die Sie unbedingt in Ihre Prüfungsvorbereitungen integrieren sollten. Hierbei sollten Sie mit Ihrem Hund unterschiedliche Situationen des Alltags üben, gängige Kommandos einstudieren und Ihren Hund an belebte Orte mitnehmen, um dort in verschiedenen Begegnungssituationen zu trainieren. In Vorbereitung auf die praktische Prüfung kann es außerdem hilfreich sein, sich an Hundeschulen oder Tierheime, die oftmals passende Kurse anbieten, zu wenden.

Tipps für die Prüfungsvorbereitung

- Strukturierter Lernplan:
  - Überblick über den gesamten Lernstoff verschaffen
  - den Lernstoff in Teilgebiete untergliedern
  - sich überlegen, wie viel Zeit man für die jeweiligen Teile benötigt, und anschließend einen Zeitplan erstellen -> Zeitdruck vermeiden
- klare Ziele definieren und Pausen einplanen
- ein produktives Lernumfeld schaffen und das Handy weglegen
- Erfolge feiern und sich zwischendurch auch mal belohnen -> Etappensiege feiern
- Listen und Übersichten auf Karteikarten anfertigen, Zusammenfassungen schreiben und das Gelernte immer wieder wiederholen
- manchmal hilft es, sich das Gelernte in Bildern vorzustellen und den Lernstoff damit zu verbildlichen
- andere bitten, dass sie einen das Gelernte abfragen
- positiv und ruhig bleiben, gesund essen und ausreichend schlafen

Basiswissen 1 – Allgemeines

RASSENKUNDE

Die Weichen für ein friedliches und entspanntes Miteinander werden bereits gelegt, bevor Ihr Hund bei Ihnen einzieht. Die meisten Menschen durchwälzen bei der Suche nach der passenden Hunderasse viele Bücher, befragen Suchmaschinen im Internet oder hören sich in ihrem Bekanntenkreis um. In vielen Fällen wird der Hund nach seiner Rasse ausgesucht, was sicherlich ein guter erster Schritt ist. Nichtsdestotrotz ist, genauso wie bei uns Menschen, der Charakter des Hundes entscheidend. So können dieselben Hunderassen des gleichen Wurfes vollkommen verschieden sein und auf eine unterschiedliche Art und Weise auf den neuen Familienalltag reagieren. Dabei ist keine Hunderasse besser als die andere. Denn jeder Hund kann für den Menschen, der sich die Rasse inklusive seiner jeweiligen Eigenschaften bewusst ausgesucht hat und mit dieser umgehen kann, der perfekte Hund sein.

Die **Fédération Cynologique Internationale,** kurz **FCI**, ist der größte kynologische Dachverband, wobei Kynologie die Lehre von Rassen, Krankheiten, vom Verhalten, der Erziehung, der Zucht sowie der Pflege von Haushunden meint. Die FCI ist demnach nicht nur für die Einteilung von Hunderassen in bestimmte Gruppen zuständig, sondern bestimmt darüber hinaus auch die Rasse- und Zuchtstandards. Der Verband legt also eine Rassebeschreibung fest, die auf den Hund zutreffen muss, damit er offiziell als Rassehund anerkannt wird.

Ursprünglich wurde die Fédération Cynologique Internationale am 22. Mai 1911 von Verbänden aus Deutschland, Frankreich, den Niederlanden sowie Belgien gegründet. Das Ziel der Gründungsmitglieder war, sowohl die Rassehundezucht als auch die Kynologie zu unterstützen und zu beschützen. Die Tätigkeiten der FCI wurden zwar kurzzeitig während des Ersten Weltkrieges eingestellt, im Jahre 1921 allerdings wiederbelebt. Inzwischen gehören 98 Mitglieder und Vertragspartner der Organisation an, wobei jedes Mitglied eigene Ahnentafeln für Hunde erstellt und hoch qualifizierte Richter ausbildet. Die FCI ist nicht nur der größte Dachverband der Rassehundezucht weltweit, sondern auch die höchste Autorität für Hundekultur. Durch ihre Mitglieder und Vertragspartner gewährleistet die FCI das Wohlbefinden von Hunden, unterstützt die selektive Zucht und fördert die genealogische Registrierung. Darüber hinaus gewährleistet sie die Gesundheit von Hunden mit Ahnentafel und fördert die Beziehungen zwischen Menschen und Hunden. In der Summe erkennt die FCI über **350 verschiedene Rassen** an, wobei jede dieser Rassen Eigentum eines Landes ist, welches wiederum als Ursprungsland dieser Rasse gilt. In Zusammenarbeit mit der Wissenschaftlichen und der Standardskommission der FCI erstellt jedes Ursprungsland die Standards für ihre Rassen, indem die Länder den Idealtyp der jeweiligen Rasse beschreiben. Aufgrund der hohen Anzahl von Rassen hat die FCI diese in insgesamt **10 Gruppen** unterteilt, in denen sich Rassen des gleichen Typs befinden, die verwandte Merkmale aufweisen. Innerhalb der Gruppen finden sich zudem **weitere Sektionen** wieder, die der tiefergehenden Unterscheidung der bereits typähnlichen Hunderassen dienen.

Gruppe 1: Hütehunde und Treibhunde

Die erste Gruppe der FCI besteht aus den **zwei Sektionen Hütehunde bzw. Schäferhunde und Treibhunde**, wobei der Schweizer Sennenhund ausgenommen ist. Sowohl Hüte- als auch Treibhunde sind **Arbeitshunde**, dessen größte Gemeinsamkeit der Arbeitswille ist. Wie sich bereits vom Namen ableiten lässt, kommen Hüte- und Treibhunde oftmals beim Hüten und Treiben zum Einsatz. Die Hunderassen, die der **Sektion 1** angehören, sind sehr intelligent und wachsam. Außerdem lassen sie sich, aufgrund ihrer Agilität, für verschiedene Hundesportarten begeistern. Grundsätzlich ordnen sich Hütehunde dem Menschen schnell unter und treiben Vieh besonders schnell und ohne übermäßiges Hundegebell zusammen. Auf der anderen Seite bringen Treibhunde der **Sektion 2** ihre Herde hingegen vermehrt mit Gebell zusammen.

Zu den Schäferhunden zählt die FCI unter anderem den Australischen Kelpie, den Belgischen Schäferhund, den Deutschen Schäferhund, den Old English Sheepdog, den Bearded sowie den Border Collie, den Bergamasken Hirtenhund, den Australischen Schäferhund, den Schottischen Schäferhund und den Holländischen Schäferhund. Den Treibhunden ordnet sie hingegen den Australischen Treibhund, den Ardennen-Treibhund sowie den Flandrischen Treibhund zu.

Gruppe 2: Pinscher und Schnauzer – Molosser – Schweizer Sennenhunde

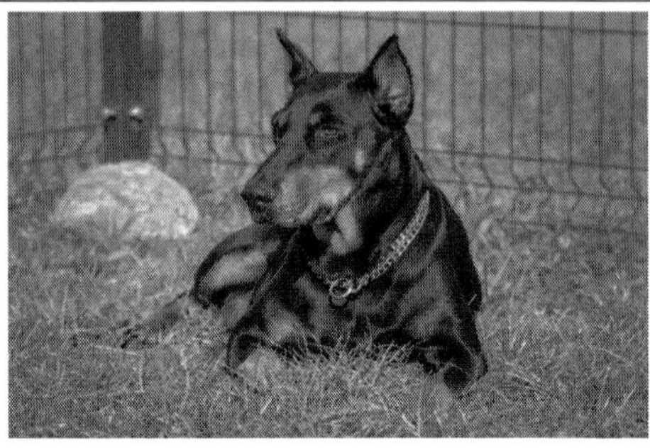

Die Gemeinsamkeit der Hunderassen, die die FCI in Gruppe 2 klassifiziert, besteht in ihrem **Schutz- und Jagdtrieb**. Pinscher, Schnauzer, Molosser und Schweizer Sennenhunde charakterisieren sich durch Hilfsbereitschaft, Wachsamkeit, Nervenstärke und ein ausgeprägtes Territorialbewusstsein. Ihre Eigenschaften stellen die Hunde der zweiten Gruppe dabei oftmals durch ihre Bellfreudigkeit unter Beweis.

Zu der **Sektion 1** der Gruppe 2, den Pinschern, zählt die FCI zum Beispiel den Dänisch-schwedischen Farmhund, den Affenpinscher, den Deutschen Pinscher, den Dobermann, den Riesenschnauzer sowie den Schnauzer und den Zwergschnauzer, den Österreichischen Pinscher, den Holländischen Smoushund und den Russischen Schwarzen Terrier. Die Hundearten der ersten Sektion sind grundsätzlich für ihre Robustheit und ihr Talent als Wächter bekannt.

In der **2. Sektion** listet die FCI die Hunde auf, die auf Menschen, aufgrund ihrer Größe sowie ihres kräftigen Körperbaus, bedrohlich wirken. Sie mögen zwar tolle Beschützer sein, brauchen aber erfahrene Hundebesitzer. Bekannte Rassen der Sektion zwei sind unter anderem die doggenartigen Hunde, der Deutsche Boxer, der Rottweiler, die Bulldogge, Berghunde und Bernhardiner. Viele Rassen der zweiten Sektion der Gruppe 2 gelten in Deutschland als sogenannte Listenhunde, die aufgrund ihrer Rasse als gefährlich eingestuft werden.

In der **Sektion 3** klassifiziert die FCI den Schweizer Sennenhund, der aufgrund seiner Eigenschaft als aufmerksamer Wächter auch in die Gruppe 1 passen würde. In diese Untergruppe lassen sich zudem der Appenzeller Sennenhund, der Berner Sennenhund, der Entlebucher Sennenhund sowie der Große Schweizer Sennenhund einordnen.

Gruppe 3: Terrier

Die dritte Gruppe der Fédération Cynologique Internationale umfasst alle Terrierrassen und wird in vier Sektionen untergliedert. Zur **Sektion 1** gehören die **Hochläufigen Terrier**. Hierzu ordnet die FCI unter anderem den Brasilianischen Terrier, den Deutschen Jagdterrier, den Border Terrier und den Irish Terrier zu. In der **2. Sektion** finden sich **Niederläufige Terrier** wieder, zu denen etwa der Australian Terrier, der Norfolk Terrier, der West Highland White Terrier, der Jack Russell Terrier, der Japanische Terrier sowie der Tschechische Terrier zählen. Die **Sektion 3** klassifiziert die **Bullartigen Terrier**, zu denen der Bull Terrier, der Miniature Bull Terrier, der Staffordshire Bull Terrier und der American Staffordshire Terrier gehören. Unter dem Begriff **Zwerg-Terrier** werden in **Sektion 4** die besonders kleinen Terrier, wie der Australian Silky Terrier, der English Toy Terrier und der Yorkshire Terrier, zusammengefasst. Allgemein zählen die Terrier zu den Hunderassen, die sehr mutig und dementsprechend selbstbewusst sind. Obgleich ihr Auftreten unter Umständen frech sein mag, sind Terrier trotzdem spielfreudige, verschmuste, anhängliche und vor allem treue Hunde, die stets Beschäftigung brauchen und neue Tricks voller Begeisterung lernen.

Gruppe 4: Dachshunde

Die Gruppe 4 der FCI umfasst die Hunderasse der Dachshunde und besteht aus lediglich **1 Sektion**. Der Dachshund, der auch unter den Bezeichnungen Dackel oder Teckel bekannt ist, ist in seiner Gruppe der einzige Vertreter. Charakteristisch für den Dachshund sind sein länglicher Körper sowie seine kurzen, aber kräftigen Beine. Dachshunde besitzen ein großes Selbstbewusstsein, sind lernfähig, furchtlos und gleichermaßen dickköpfig. Nichtsdestotrotz sind Dackel eine wunderbare Rasse für eine Familie mit Kindern. Die FCI ordnet sowohl langhaarige, kurzhaarige als auch rauhaarige Dachshunde in die Gruppe 4 ein. Neben der Klassifizierung des Haarkleides umschließt die vierte Gruppe außerdem den Standard-Dachshund, den Zwerg-Dachshund sowie den Kaninchen-Dachshund, da die Rasse je nach Farbe und Länge des Fells unterschiedlich aussehen kann.

Gruppe 5: Spitze und Hunde vom Urtyp

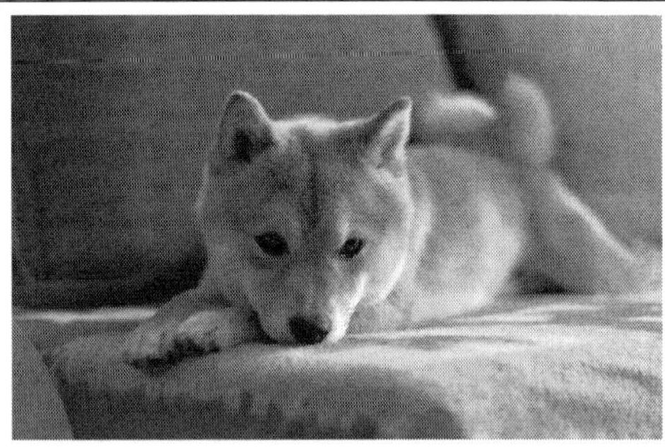

Die fünfte FCI-Gruppe wird in **7 Sektionen** unterteilt. Die Hunderassen, die dieser Gruppe angehören, gleichen sich in ihrem Aussehen durch die nach oben stehenden spitzen Ohren sowie die spitze Nase. Zudem haben einige der älteren Rassen dichtes und widerstandsfähiges Fell und erinnern dadurch an ihre Vorfahren – die Wölfe. Die Hunderassen der Gruppe 5 sind klug, eigenständig und wissen, wie sie ihr Territorium verteidigen können. Die Hunderasse Spitze sind hervorragende Arbeitstiere, die je nach Unterrassen zum Hüten, bei der Jagd oder als Begleit-, Wach-, Schlitten- und Hütehunde zum Einsatz kommen.

Den ersten **3 Sektionen** der FCI-Systematik werden Nordische Hunderassen zugeordnet, die sich in ihren jeweiligen Funktionen unterscheiden. Zur **Sektion 1**, den Nordischen Schlittenhunden, zählen der Groenlandhund, der Kanadische Eskimohund, der Samojede, der Alaskan Malamute und der Siberian Husky. Zu den Nordischen Jagdhunden der **Sektion 2** gehören unter anderem der Norwegische Lundehund, der Schwedische Elchhund und Finnen-Spitz. Der Schwedische Lapphund, der Finnische Lapphund sowie der Islandhund sind hingegen Vertreter der **Sektion 3**, der Nordischen Wach- und Hütehunde.

In Sektion 4 und 5 unterscheidet die FCI zwischen der Europäischen Spitze sowie der Asiatischen Spitze und verwandten Rassen. So sind etwa der Deutsche Spitz und der Italienische Volpino Vertreter der **Sektion 4** und der Chow-Chow, der Eurasier, der Akita, der Kishu und der Shiba bekannte Rassen der **Sektion 5**. Als Urtyp der **Sektion 6** werden Hunderassen bezeichnet, deren Nase und Augen sich hervorragend für die Jagd eignen. Die FCI zählt Rassen wie den Kanaan-Hund, den Pharaonenhund, den Mexikanischen Nackthund, den Peruanischen Nackthund und den Basenji zu den Urtypen.

In **Sektion 7** sind die Hunderassen aufgelistet, die speziell für die Jagd dienen. In dieser Sektion zählt die FCI etwa den Cirneco Dell'etna, den Portugiesischen Podengo, den Ibiza-Podenco, den Taiwan-Hund sowie den Thailand-Ridgeback.

Gruppe 6: Laufhunde, Schweißhunde und verwandte Rassen

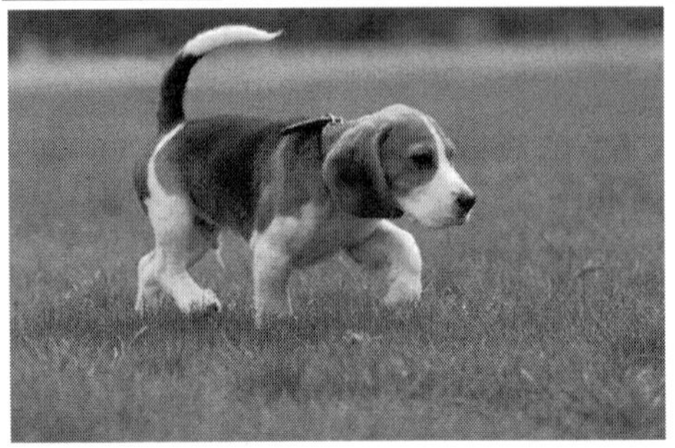

Die sechste Gruppe der Fédération Cynologique Internationale umfasst **3 Sektionen**, in denen die **guten Jäger** unter den Hunderassen eingeteilt sind. Die Hunde dieser Gruppen zeichnen sich durch einen natürlichen Anspruch des Arbeitens sowie des Jagens aus. Unter den Laufhunden, die von der FCI in der Gruppe 6 anerkannt sind, befinden sich große, mittelgroße sowie kleine Laufhunde. Zu den großen Vertretern der **Sektion 1** zählen etwa der Bluthund, der Brasilianische Laufhund, der Billy, der English Foxhound sowie der American Foxhound. Der Harrier, der Schweizer Laufhund und der Tiroler Bracke gehören zu den mittelgroßen Laufhunden und der Beagle, der Schweizer Niederlaufhund und der Deutsche Bracke zu den kleinen Laufhunden. Grundsätzlich zeichnen sich Laufhunde durch ihre Agilität aus, die sie bei der Verfolgung ihrer Beute an den Tag legen.

Schweißhunde hetzen ihr Wild im Vergleich zu den Laufhunden nicht. Vielmehr sind sie darauf spezialisiert, verletztes Wild aufzuspüren und dieses zu verfolgen. Zur **Sektion 2** gehören dabei jedoch nur drei Hunderassen: der Bayerische Gebirgsschweißhund, der Hannoverscher Schweißhund und die Alpenländische Dachsbracke. In der Kategorie Verwandte Rassen zählt die FCI in der **Sektion 3** den Dalmatiner und den Rhodesian Ridgeback. Heutzutage werden diese Hunderassen nicht mehr bei der Jagd eingesetzt, sondern eignen sich vielmehr als **Familien- und Begleithunde**.

Gruppe 7: Vorstehhunde

In der Gruppe 7 differenziert die FCI zwischen den Kontinentalen Vorstehhunden sowie den Britischen und Irischen Vorstehhunden, wobei der Großteil der Hunderassen zur ersten der **2 Sektionen** zählt.

So gehören zur **Sektion 1** unter anderem der Altdänische Vorstehhund, der Pudelpointer, der Bracco Italiano, der Große Münsterländer Vorstehhund, der Drentsche Patrijshond und der Böhmische Rauhbart. **Sektion 2** werden hingegen der English Pointer, der English Setter, der Gordon Setter, der Irish Red Setter sowie der Irish Red and White Setter zugeordnet.

Vorstehhunde zeichnen sich durch die Fähigkeit des Aufspürens von Wild aus. So übernehmen sie bei der Jagd die Führung und leiten den Jäger, der dann das Wild ausfindig machen kann. Währenddessen hetzen oder scheuchen sie es jedoch nicht auf, sondern verharren vor dem Wild und signalisieren dem Jäger durch das Anheben eines Vorderlaufes lautlos, dass sie etwas gefunden haben. Dadurch ist es dem Menschen ein Leichtes, die Beute aufzuschrecken und anschließend zu erlegen. Dementsprechend schrecken Vorstehhunde auch bei Schüssen nicht auf.

Gruppe 8: Apportierhunde – Stöberhunde – Wasserhunde

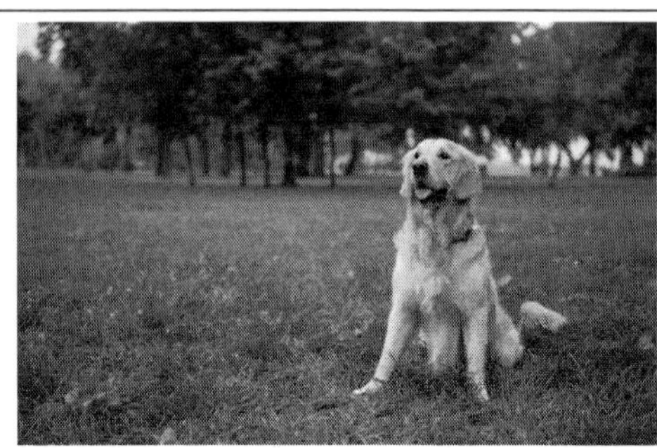

Die achte FCI-Gruppe ist in **3 Sektionen** unterteilt, wobei die Hunderassen, die dieser Gruppe angehören, ursprünglich als **Jagdhunde** gezüchtet wurden. Heutzutage erfreuen sie sich aber auch als **Familien- und Begleithunde** immer größerer Beliebtheit.

In der **Sektion 1** werden die Apportierhunde aufgelistet, die auch unter der Bezeichnung Retriever bekannt sind. Zu ihnen zählen zum Beispiel der Golden Retriever, der Nova Scotia Retriever und der Labrador Retriever. Bei der Jagd übernehmen sie die Aufgabe, die vom Jäger erschossene tote Beute aufzuspüren und anschließend zu apportieren (herbeizubringen). Daneben eignen sich Apportierhunde auch hervorragend als Familienhunde, da sie sanftmütige, geduldige und freundliche Wesen sind. Dank seiner Fähigkeit zum Apportieren wird der Labrador Retriever oftmals auch zum Blindenhund ausgebildet und kommt vielen Menschen, die auf Hilfe im Alltag angewiesen sind, zugute.

Stöberhunde suchen bei der Jagd das Gelände nach Wild ab, scheuchen es auf und treiben es anschließend in die Richtung des Jägers. Hierbei ist ihr gut ausgeprägter Geruchssinn von besonderer Wichtigkeit. Zur **Sektion 2**, den Stöberhunden, gehören überwiegend Spanielrassen, wie der English Cocker Spaniel, der Welsh Springer Spaniel und der American Cocker Spaniel.

Die Aufgabe der Wasserhunde bei der Jagd liegt hingegen darin, Wildenten und Wasservögel zu fangen. Dabei werden sie von ihrem dichten Fell vor der Kälte des Wassers geschützt. Außerdem sind Wasserhunde die geborenen Schwimmer. Zur **Sektion 3** zählen dabei beispielsweise der Französische Wasserhund, der Wasserhund der Romagna, der Spanische Wasserhund sowie der Amerikanische Wasserspaniel.

Gruppe 9: Gesellschafts- und Begleithunde

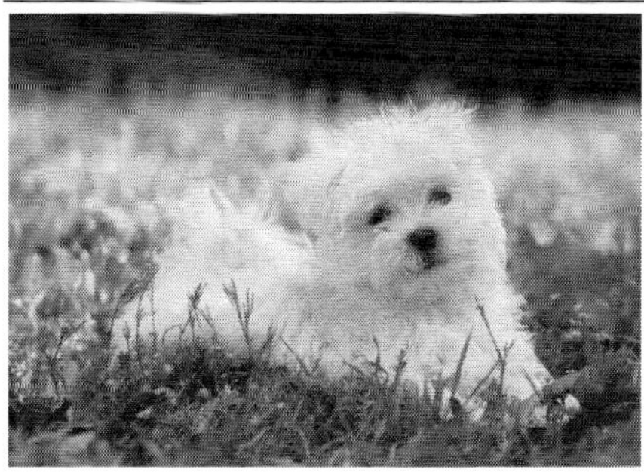

Die Gruppe 9 ist die FCI-Gruppe mit den meisten Sektionen und unterteilt die Hunderassen dabei in **11 Einheiten**. In die **Sektion 1** gehören die Bichons und verwandte Rassen, zu denen der Bichon Frise, der Bologneser, der Havaneser, der Malteser, der Coton de Tulear und das Löwchen zählen. Zur **Sektion 2** gehört der Pudel und zur **Sektion 3** gehören die kleinen belgischen Hunderassen, wie der Belgische Griffon, der Brüsseler Griffon und der Brabanter Griffon. In die **Sektion 4** fallen alle haarlosen Hunde und damit der Chinesische Schopfhund. In **Sektion 5** fasst die FCI die tibetanischen Hunderassen zusammen, zu denen der Lhasa Apso, der Shih Tzu, der Tibetan Spaniel und der Tibetan Terrier gehören.

In der **sechsten Sektion**, die den Namen Chihuahueno trägt, findet sich der Chihuahua wieder. Zu den englischen Gesellschaftsspanieln der **Sektion 7** gehören der Cavalier King Charles Spaniel und der King Charles Spaniel und zur **Sektion 8** der japanischen Spaniel und Pekingesen gehören der Pekingese und der Chin. In **Sektion 9** listet die FCI den kontinentalen Zwergspaniel und andere auf, zu denen der Kontinentale Zwergspaniel und der Russische Toy gehören. In **Sektion 10** findet sich der Kromfohrländer wieder und der **11. Sektion**, die kleine doggenartige Hunde auflistet, werden der Mops, die Französische Bulldogge und der Boston Terrier zugeordnet.

Wie der Name bereits verrät, sind Gesellschafts- und Begleithunde menschenbezogene Rassen, die eine hohe soziale Intelligenz besitzen. Im Gegensatz zu anderen Gruppen der FCI wurden sie für keinen bestimmten Zweck gezüchtet. Ihre einzige Aufgabe besteht darin, dem Menschen ein guter und treuer Freund und Begleiter zu sein.

Gruppe 10: Windhunde

Die zehnte und letzte Gruppe der FCI-Systematik unterteilt die schlanken und schnellen Rassen in **3 Sektionen**, wobei sich diese sowohl nach Länge als auch nach Beschaffenheit des Fells der Hunde unterscheidet. So finden sich in der **Sektion 1** die langhaarigen oder befederten Windhunde wieder, zu denen etwa der Afghanische Windhund und der Saluki gehören. In **Sektion 2** werden die rauhaarigen Windhunde, wie der Schottische Hirschhund und der Irische Wolfshund, aufgelistet und in **Sektion 3** die kurzhaarigen Windhunde. Zu ihnen zählen etwa der Greyhound, der Azawakh und der Polnische Windhund.

Grundsätzlich sind Windhunde als **Jagdhunde** bekannt, die dafür gezüchtet wurden, um den Tieren mit hoher Geschwindigkeit hinterherzujagen. Sie zeichnen sich durch einen schmalen Körperbau, einen gewölbten Rücken und hohe Läufe aus, was sie zu sehr schnellen Tieren macht. Sobald sie erst einmal losgerannt sind, hetzen sie ihre anvisierte Beute bis zum Schluss. Die Hunde, die einen ausgeprägten Bewegungsdrang besitzen, sind heutzutage auch auf Hunderennen vielfach vertreten.

Gruppe	Sektion	Charakter	Beispiele
1. Hüte-hunde & Treib-hunde	1. Hütehunde 2. Treibhunde	– Arbeitshunde – Einsatz beim Hüten und Treiben –intelligent, wachsam, agil	1. Deutscher Schäferhund, Border Collie 2. Australischer Treibhund, Ardennen-Treibhund
2. Pinscher & Schnau-zer – Molosser – Schweizer Sennen-hunde	1. Pinscher & Schnauzer 2. Molossoide 3. Schweizer Sennenhunde	– Schutz- und Jagdtrieb – hilfsbereit, wachsam, nervenstark – ausgeprägtes Territorialbewusstsein mit Bellfreudigkeit	1. Dobermann, Russischer Schwarzer Terrier 2. Doggenartige Hunde, Rottweiler, Bulldogge 3. Berner Sennenhund, Großer Schweizer Sennenhund
3.Terrier	1. Hochläufige Terrier 2. Niederläufige Terrier 3. Bullartige Terrier 4. Zwerg-Terrier	– sehr mutig – selbstbewusst –Auftreten kann frech sein – spielfreudig, treu, verschmust, anhänglich – brauchen Beschäftigung – lernen neue Tricks voller Begeisterung	1. Deutscher Jagdterrier, Border Terrier 2. Norfolk Terrier, Jack Russell Terrier 3. Bull Terrier, American Staffordshire Terrier 4. Australian Silky Terrier, Yorkshire
4. Dachs-hunde	1. Dachshunde	– sehr selbstbewusst – lernfähig, furchtlos, dickköpfig	1. Standard-Dachshund, Kaninchen-Dachshund
5. Spitze & Hunde vomUrtyp	1. Nordische Hunderassen 2. Nordische Hunderassen 3. Nordische Hunderassen 4. Europäischer Spitz 5. Asiatischer Spitz und verwandte Rassen 6. Urtyp 7. Urtyp – Hunde zur jagdlichen Verwendung	– klug, eigenständig – wissen, wie sie ihr Territorium verteidigen können – super Arbeitstiere – werden je nach Unterrassen bei der Jagd oder als Begleit-, Wach-, Schlitten- und Hütehunde eingesetzt	1. Groenlandhund, Siberian Husky 2. Norwegischer Lundehund, Finnen-Spitz 3. Nordische Wach- & Hütehunde 4. Deutscher Spitz, Italienischer Volpino 5. Chow-Chow, Shiba 6. Kanaan-Hund, Mexikanischer Nackthund 7. Portugiesischer Podengo, Ibiza Podenco

6. Lauf-hunde, Schweiß-hunde und verwandte Rassen	1. Laufhunde 2. Schweißhunde 3. verwandte Rassen	– gute Jäger – natürlicher Anspruch des Arbeitens und Jagens	1. Billy, Harrier, Beagle 2. Bayerischer Gebirgsschweißhund, Hannoverscher Schweißhund 3. Dalmatiner, Rhodesian Ridgeback
7. Vorsteh-hunde	1. Kontinentale Vorstehhunde 2. Britische & Irische Vorstehhunde	– gut im Wildaufspüren – Führer bei der Jagd – nicht schreckhaft	1. Pudelpointer, Bracco Italiano 2. English Pointer, English Setter
8. Appor-tier-hunde – Stöber-hunde – Wasser-hunde	1. Apportierhunde 2. Stöberhunde 3. Wasserhunde	– ursprünglich als Jagdhunde gezüchtet, heutzutage beliebte Familien- und Begleithunde – sanftmütig, geduldig, freundlich, hilfsbereit	1. Golden Retriever, Labrador Retriever 2. English Cocker Spaniel, American Cocker Spaniel 3. Französischer Wasserhund, Spanischer Wasserhund
9. Gesell-schafts- & Begleit-hunde	1. Bichons und verwandte Rassen 2. Pudel 3. Kleine belgische Hunderassen 4. Haarlose Hunde 5. Tibetanische Hunderassen 6. Chihuahueno 7. Englische Gesellschaftsspaniel 8. Japanische Spaniel und Pekingesen 9. Kontinentaler Zwergspaniel und andere 10. Kromfohrländer 11. Kleine doggenartige Hunde	– menschen-bezogene Rassen, gesellschaftlich – sehr intelligent – wurden für keinen bestimmten Zweck gezüchtet – gute und treue Freunde sowie Begleiter für den Menschen	1. Havaneser, Malteser 2. Pudel 3. Belgischer Griffon, Brabanter Griffon 4. Chinesischer Schopfhund 5. Lhasa Apso, Shih Tzu 6. Chihuahua 7. Cavalier King Charles Spaniel 8. Pekingese, Chin 9. Kontinentaler Zwergspaniel, Russischer Toy 10. Kromfohrländer 11. Mops, Französische Bulldogge

10. Windhunde	1. Langhaarige oder befederte Windhunde	– ursprünglich Jagdhunde – sind sehr schnell – zielgerichtet	1. Afghanischer Windhund, Saluki
	2. Rauhaarige Windhunde		2. Schottischer Hirschhund, Irischer Wolfshund
	3. Kurzhaarige Windhunde		3. Greyhound, Azawakh

DOMESTIKATION

Grundsätzlich ist die **Domestikation**, die auch unter den Begriffen **Domestizierung** oder **Haustierwerdung** bekannt ist, ein innerartlicher Prozess der Veränderung von wilden Tieren oder wilden Pflanzen, bei dem Menschen diese von der Wildform über mehrere Generationen hinweg genetisch isolieren. So werden wilde Tiere durch die Domestizierung zu Haustieren und wilde Pflanzen zu Kulturpflanzen. Die Domestikation sowie die zusätzliche Züchtung ermöglichen dem Menschen damit oftmals erst die Nutzung bzw. verbessern die Nutzbarkeit enorm.

Forschende diskutieren schon seit Langem darüber, wie die innige Freundschaft zwischen Hund und Mensch begonnen hat. Wann die Domestikation des Hundes zum Heim- und Nutztier stattgefunden hat, ist deshalb umstritten. Wissenschaftlichen Schätzungen zufolge soll die Domestikation des Hundes durch den Menschen vor 15.000 bis 100.000 Jahren stattgefunden haben, was den Hund, dessen wilde Stammform der Wolf ist, zu unserem ältesten Haustier macht.

Wo genau sich die Domestikation des Hundes ereignet hat, ist auch heute noch Diskussionsthema zahlreicher Wissenschaftler. Eine Studie aus dem Jahr 2016 kam zu dem Ergebnis, dass sich der Ursprung der Domestikation sowohl in Europa als auch in Ostasien wiederfindet. Ein Jahr später widersprachen Forschende dieser Annahme jedoch und gingen in einer neuen Studie nur von einem europäischen Ursprung aus. Auf der anderen Seite zeigen weitere Analysen, dass die frühen sowie die modernen Hunde zu den alten Wölfen Asiens mehr genetische Ähnlichkeiten aufweisen als zu denen Europas. Diese Erkenntnisse lassen Rückschlüsse darauf zu, dass die Domestizierung nicht in Europa, sondern in Asien stattgefunden haben muss.

Darüber hinaus stellten die Wissenschaftler beim Versuch der örtlichen Eingrenzung fest, dass die Hunde von mindestens zwei unterschiedlichen Wolfspopulationen abstammen. Es scheint, die frühen Hunde aus verschiedenen Regionen der Welt hätten ihren alleinigen Ursprung in Asien. Das Erbgut früherer Hunde aus Afrika, Südeuropa sowie dem Nahen Osten habe sich jedoch mit Genen einer mit den modernen Wölfen Südwesteurasiens verwandten Population vermischt.

Die Forschenden haben für diese doppelte Abstammung zwei mögliche Erklärungen. Zunächst wäre es denkbar, dass Wölfe sowohl im westlichen als auch im östlichen Eurasien unabhängig voneinander domestiziert wurden und es später zu einer Vermischung kam. Außerdem könnte es sein, dass die Domestikation nur einmalig stattfand und sich frühe Hunde mit wilden Wölfen gepaart haben, nachdem sie gemeinsam mit den Menschen an andere Orte gesiedelt sind.

Eine weitere, bislang ungeklärte Frage beschäftigt sich damit, wie wir Menschen Wölfe überhaupt zu treuen Begleitern machen konnten. Ein Forscherteam der *Finnish Food Authority Universität* in Helsinki sieht die Antwort auf die Zähmung der Wölfe im Speiseplan. Durch ihren Fleischkonsum waren Mensch und Vierbeiner bei der Jagd eigentlich Konkurrenten, weshalb eine Annäherung beider Arten zunächst undenkbar scheint. In ihrer Studie im Fachblatt *Scientific Reports* aus dem Jahre 2021 schrieben die finnischen Wissenschaftler jedoch, dass die Rivalität beider Arten wahrscheinlich weniger stark ausgeprägt war, als bislang vielfach angenommen wurde.

Zu Beginn der Domestizierung von Wölfen herrschte eine Eiszeit, weshalb die Winter extrem kalt waren und Eurasien sich in eine karge Tundrasteppe verwandelte. Dadurch waren die Beutetiere stark abgemagert. Laut dem finnischen Forscherteam konsumierten unsere jagenden Vorfahren eher das fette Fleisch ihrer Beute und überließen das magere Fleisch den Wölfen. In der Studie heißt es weiterhin, dass Menschen und Wölfe damit in den kalten und kritischen Wintermonaten nicht um die Ressourcen wetteifern mussten, sondern womöglich von einer Kooperation profitierten. Den Wissenschaftlern zufolge sei dieser Umstand bei der Zähmung des Wolfes entscheidend gewesen. Indem Menschen die in ihrer Nähe lebenden Wölfe mit dem abgelehnten Fleisch fütterten, sollen sie diese somit an sich gebunden haben. Mit der Zeit entwickelten sie sich dann zu Beschützern, Jagdhelfern sowie Spielkameraden.

Die finnischen Forschenden halten ihre Annahmen und Argumentationen für plausibler und schlüssiger als andere Hypothesen, die zur Domestizierung von Hunden existieren. So besagt eine Hypothese, dass die Wölfe von Menschen ganz gezielt, möglicherweise durch die Aufnahme von verletzten oder kranken Tieren, zum Jagen gezähmt worden seien. So sollen Menschen Wolfswelpen aufgezogen und diese so mit den Menschen vertraut gemacht haben. Solch eine Zusammenarbeit würde, laut Forschenden, jedoch nur dann funktionieren, wenn sowohl

Mensch als auch Wolf einen Nutzen daraus ziehen könnten. Zudem wäre die Etablierung einer solchen Kooperation sehr zeitintensiv gewesen.

Ebenso widersprechen die Wissenschaftler einer zweiten populären Hypothese zur Domestikation von Wölfen. Nach dieser sollen weggeworfene Lebensmittel die Tiere angelockt haben. Dadurch sollen die Wölfe zunehmend in der Nähe menschlicher Siedlungen umhergeschweift sein und darauf gehofft haben, Nahrungsabfälle zu ergattern. Der Theorie zufolge haben sich die Wölfe dann mit der Zeit immer mehr an das Leben in der Nähe von Menschen angepasst und sind zahmer geworden. Auf der einen Seite sei zu damaliger Zeit jedoch gar nicht ausreichend Abfall produziert worden, darüber hinaus hätten die Wölfe mit den Resten, die hauptsächlich pflanzlicher Art waren, nicht viel anfangen können.

Auf der anderen Seite muss jedoch auch angemerkt werden, dass die umfangreichen Untersuchungen der schwedischen Wissenschaftler darauf hinweisen, dass die Anpassung an die menschliche Nahrung unter anderem eine entscheidende Rolle für die erfolgreiche Domestikation des Hundes spielte. Im Zuge der Sesshaftigkeit veränderte der Mensch seine Ernährung und baute Getreide mit einem hohen Stärkeanteil an, was sich zu einem wichtigen Nahrungsmittel entwickelte. Tiere, die Mahlzeiten mit einem hohen Stärkeanteil verdauen konnten, profitierten von der Lebensgemeinschaft, die sie mit den Menschen eingingen. So soll die Fähigkeit der Stärkeverdauung ein wichtiger Schlüsselfaktor in der Domestikation des Hundes gewesen sein. Damit scheint die Theorie, dass sich Wölfe zunehmend in der Nähe menschlicher Siedlungen herumgetrieben haben und sich Hunde sozusagen als Speiseresteverwerter entwickelt haben, gar nicht so abwegig zu sein.

ENTWICKLUNGSGESCHICHTE

Da der Ursprung des Haustiers Hund bis heute ungeklärt ist, ist uns auch die ursprüngliche Wolfspopulation, aus der der Hund einst hervorgegangen ist, unbekannt. Nichtsdestotrotz scheint sicher zu sein, dass die Menschen vor mindestens 150.000 Jahren begonnen haben, Wölfe zu zähmen und diese in Haustiere abzurichten, wodurch Hunde die älteste domestizierte Art sind.

Ohne den Wolf gäbe es heutzutage weder Labrador noch Dackel oder Shiba. Doch vor vielen tausenden Jahren, zu Zeiten der Sammler und Jäger, mochten sich Mensch und Wolf nicht. Bei der Jagd waren sie als Konkurrenten auf dieselbe Beute aus. Forschende gehen von der Annahme aus, dass Wölfe jedoch relativ schnell bemerkten, dass sich ein Pakt mit den Menschen für sie lohnen könnte. Ob die Zusammenarbeit zwischen Mensch und Wolf dabei aus der Aussicht auf einen warmen Schlafplatz heraus oder aufgrund des Duftes von dem an der Feuerstelle gegrillten Fleisch entstanden ist, ist für uns heutzutage nur schwer nachvollziehbar. Sicher ist jedoch, dass sich Wölfe immer wieder in Menschennähe wagten und diese auf der anderen Seite die Wolfsjungen mit ziemlicher Sicherheit gerne bei sich aufnahmen. So waren Wölfe für Menschen vor allem bei der Jagd von großem Nutzen, da ihre Spürnasen die Beute schnell ausfindig machen konnten. Auch nachts waren die Wölfe von großem Mehrwert, da sie bei jedem kleinen Geräusch sofort Alarm schlugen.

Je länger das Zusammenleben von unseren Vorfahren und den wilden Tieren andauerte und je mehr die ständige Interaktion zwischen Mensch und Tier das gegenseitige Miteinander festigte, desto zahmer wurden die Wölfe und entwickelten sich langsam zu Haustieren. Sie begannen, sich den sozialen Regeln der Menschen zu fügen, was die Jäger dazu veranlasste, noch mehr Hunde als Unterstützer zu züchten. Durch die Züchtung und Domestizierung wandelte sich auch immer mehr das Äußere der Hunde, sodass sie einem richtigen Wolf nicht mehr ähnlich sahen. So verkürzte sich ihre Schnauze, die Reißzähne verloren an Größe und Schärfe, die Ohren begannen, schlapp herunterzuhängen, das Fell begann, sich farblich zu verändern, und der Wolf wurde langsam zum Haushund. Aus der Beziehung, die einst durch Feindschaft geprägt war, wurde eine tiefe und innige Freundschaft und gleichwohl die älteste Beziehung zwischen Mensch und Tier.

Ein Blick auf die Hundewiesen im Nachbarschaftspark zeigt uns heute lustige Spieleinheiten, bei denen kleine Chihuahuas mit großen Rottweilern um die Wette rennen. Es gibt große, kleine, dicke, dünne, langhaarige, kurzhaarige, gezottelte und gefleckte Hunde, die sich im kunterbunten, von uns Menschen erschaffenen Hundehaufen wiederfinden. Und obwohl die jeweiligen Hunderassen äußerlich grundverschieden sein können, ist es ihnen trotzdem möglich, gemeinsamen Nachwuchs zu bekommen, da sie alle derselben Art angehören.

Durch die vom Menschen intendierte Kreuzung mehrerer Hunde mit bestimmten Merkmalen konnten sich über die Zeit hinweg ständig neue Hunderassen entwickeln, die zum einen ein festgelegtes Aussehen haben und zum anderen auf ganz bestimmte Aufgaben spezialisiert sind.

Doch auch wenn der Wolf alles andere als ein Kuscheltier, sondern vielmehr ein Spitzenprädator ist, der ganz oben in der Nahrungskette steht, erinnert heute kaum noch ein Hund an das gefährliche Raubtier. Der Wolf verlässt sich auf seinen Jagdinstinkt und seine physische Kraft, wohingegen der Hund die Nähe des

Menschen sucht, um ihn durch seinen Blick und sein Betteln zu überzeugen. Im Gegensatz dazu scheuen selbst domestizierte Wölfe vor Menschen zurück und achten stets darauf, eine bestimmte Distanz zu wahren. Nichtsdestotrotz steht der Hund dem Wolf auch heute noch nahe. So teilen beide Arten gewisse Eigenschaften, zu denen etwa ein ausgeprägtes soziales Verhalten oder eine gute Anpassungsfähigkeit gehören. Denn nur so gelang es dem Wolf, auf den Menschen zuzugehen und eine Domestizierung überhaupt erst zu ermöglichen. Ursprünglich sind Wölfe in unterschiedlichen Landschaften beheimatet, wodurch sie wahre Überlebenskünstler sind. Doch auch Haushunde sind flexibel und können sich den verschiedensten Lebenssituationen anpassen und dort leben. Darüber hinaus erbten Hunde das Verständnis für eine soziale Rangordnung von den Wölfen. Die Raubtiere folgen, ähnlich wie der Hund, einer internen Organisation und agieren im Rudel. Der Hund mag zwar nur eine Bezugsperson haben, den Menschen, jedoch ist er sich der Hierarchie sowie der fügenden Funktion, in der er sich befindet, bewusst.

FRAGEN ZUR VORBEREITUNG FÜR DIE THEORIEPRÜFUNG

Frage 1: Von welchem Tier stammt der heutige Haushund ab?

a) von der Hyäne

b) vom Dingo

c) vom Schakal

d) vom Wolf

Frage 2: Was ist mit dem Begriff Domestikation des Hundes gemeint?

a) Eine Rasse wurde mit einer anderen gekreuzt.

b) Die Haustierwerdung vom Wolf zum Hund.

c) Der Hund wurde aufgrund eines bestimmten äußerlichen Merkmals für die Zucht ausgelesen.

d) Der Hund wurde aufgrund eines bestimmten charakterlichen Merkmals für die Zucht ausgelesen.

Frage 3: Haben alle Hunde jeder Rasse dieselben charakterlichen Eigenschaften oder unterscheiden sie sich voneinander?

a) Hunde verschiedener Rassen unterscheiden sich lediglich in ihrem äußeren Erscheinungsbild.

b) In Abhängigkeit der jeweiligen Rasse besitzen Hunde unterschiedliche genetische Veranlagungen und damit auch charakterliche Eigenschaften.

c) Es gibt zwar keine rassetypischen charakterlichen Eigenschaften, aber Hunde lassen sich anhand ihrer Größe und ihres Gewichtes in verschiedene Kategorien wie „aggressiv", „ängstlich" oder „kinderfreundlich" unterteilen.

d) Alle Hunde haben dieselben charakterlichen Eigenschaften.

Frage 4: Welche Grundveranlagung trägt jeder Hund in sich?

a) Hunde suchen permanent nach toten Tieren, weil sie Aasfresser sind.

b) Hunde fressen das Gras aus den Mägen ihrer Beute, weil sie Pflanzenfresser sind.

c) Hunde ernähren sich durch die Jagd auf Beutetiere, weil sie Jagdraubtiere sind.

d) Hunde lassen sich keiner wissenschaftlichen Ordnung zuordnen.

Frage 5: Was ist die Fédération Cynologique Internationale (FCI)?

a) ein internationaler Verband für Veterinäre

b) der größte kynologische Dachverband

c) ein internationaler Züchterverein für Mischlingsrassen

d) eine ehrenamtliche Hundeorganisation

Frage 6: Ist das Jagdverhalten beim Hund auch heutzutage noch genetisch bedingt?

a) Ja, denn alle Hunde sind jagdlich motiviert. Je nach individueller Veranlagung ist das Jagdverhalten bei einigen mehr und bei anderen weniger stark ausgeprägt.

b) Hunde jagen immer nur dann, wenn sie hungrig sind.

c) Hunde jagen immer nur dann, wenn man sie mit rohem Fleisch füttert.

d) Nein, denn Hunde jagen nicht, um zu töten.

Frage 7: Welche Auskunft liefert eine Ahnentafel?

a) Sie liefert Auskunft über den gesundheitlichen Zustand des Hundes.

b) Sie liefert Auskunft über die charakterlichen Eigenschaften des Hundes.

c) Sie liefert Auskunft über die Abstammung des Hundes.

d) Sie liefert Auskunft über das Fortpflanzungspotential des Hundes.

Frage 8: Was muss bei der Haltung von mehreren Hunden beachtet werden?

a) Zwei Rüden können nicht zusammengehalten werden, da es immer Konkurrenzkämpfe geben wird.

b) Der neue Hund muss nicht nur zu seinem Besitzer, sondern auch zum bereits vorhandenen Hund passen.

c) Ein Hund, der nicht allein sein kann, wird mit einem weiteren Hund entspannt alleine sein können.

d) Hunde benötigen den Kontakt zu Artgenossen, weshalb die Haltung von mehreren Hunden immer unproblematisch ist.

Frage 9: Ist die Beißhemmung angeboren?

a) Ja, weil Welpen ansonsten ihre Mutter und ihre Geschwister verletzen würden.

b) Ja, weil Welpen sonst den Züchter und ihre Besitzer beißen würden.

c) Ja, aber es gibt auch Rassen, die keine Beißhemmung haben.

d) Nein, die Beißhemmung muss als Welpe durch das Spielen mit gleichaltrigen Hunden sowie Menschen erst erlernt werden.

Frage 10: Was sind typische Jagdverhaltensweisen bei Hunden?

a) Der Hund spitzt seine Ohren.

b) Der Hund versteckt sich im Gebüsch und wartet.

c) Der Hund schleicht sich an, steht vor und schüttelt seine Beute.

d) Der Hund knurrt.

Frage 11: Worauf muss man achten, wenn man einen Hund aus dem Tierschutz übernimmt?

a) Der Hund hat viel durchgemacht und muss deshalb besonders verwöhnt werden.

b) Die Tierschutzorganisation, durch die der Hund vermittelt wurde, muss nicht nur Informationen über den Charakter des Hundes weitergeben, sondern auch

über seinen gesundheitlichen Zustand und darüber hinaus auch noch nach der Vermittlung für Fragen seitens des neuen Besitzers zur Verfügung stehen.
c) Es gibt viele Angebote im Internet, aus denen man den passenden Hund wählen und sich diesen zusenden lassen kann.
d) Die Rettung eines Hundes steht im Vordergrund, weshalb zusätzliche Informationen über die Eigenschaften des Hundes unwichtig sind.

Frage 12: Wann sollte man davon absehen, sich einen Hund anzuschaffen?
a) Wenn man keinen Garten hat.
b) Wenn man bereits einen Hund hat.
c) Wenn der Hund mehr als sechs Stunden pro Tag allein sein müsste.
d) Wenn man den Hund nicht bei sich im Bett schlafen lassen möchte.

Frage 13: Ist es artgerecht, einen Hund einzeln zu halten?
a) Nein, es ist nicht artgerecht, einen Hund einzeln zu halten, weil Hunde Rudeltiere sind und den Kontakt zu Artgenossen zwingend benötigen.
b) Ja, es ist artgerecht, einen Hund einzeln zu halten, weil Hunde zwar an den Kontakt zu Artgenossen gewohnt sind, sie jedoch auch ohne Probleme mit Menschen in einer Gemeinschaft leben können.
c) Ja, es ist artgerecht, einen Hund einzeln zu halten, weil Hunde grundsätzlich Einzelgänger sind.
d) Nein, es ist nicht artgerecht und sogar verboten, einen Hund einzeln zu halten.

Frage 14: Welche Bedürfnisse müssen jeden Tag ausreichend erfüllt werden, wenn man einen Hund artgerecht hält?
a) Der Hund muss jeden Tag mindestens zwei Mahlzeiten bekommen.
b) Der Hund sollte in einer Zwingeranlage gehalten werden, die einen gut isolierten Boden hat.
c) Der Hund sollte gemeinsam mit einem Artgenossen gehalten werden.
d) Der Hund hat jeden Tag ausreichend und mehrmaligen Sozialkontakt und wird mehrere Stunden pro Tag körperlich sowie geistig gefordert.

Frage 15: Ist das Alleinbleiben für längere Zeit für den Hund eine vom Wolf geerbte Verhaltensweise?

a) Ja, es ist eine geerbte Verhaltensweise, weil auch Wölfe, wenn sie jagen gehen, immer einen Teil der Gruppe zurücklassen.

b) Nein, es ist keine geerbte Verhaltensweise, weil Wölfe niemals einen Teil der Gruppe zurücklassen und nur im Rudel überleben können.

c) Verhaltensweisen, die Hunde vom Wolf erben, sind für sie unbedeutend.

d) Es ist keine geerbte Verhaltensweise.

Frage 16: Können die Erkenntnisse, die die Menschen im Laufe der Zeit über Wölfe gesammelt haben, ausnahmslos auf die heutigen Haushunde übertragen werden?

a) Ja, da Hunde von Wölfen abstammen, können die Erkenntnisse über Wölfe ausnahmslos auf den Haushund übertragen werden.

b) Infolge der Domestikation haben sich Hunde entwickelt, wodurch sie sich in Verhalten und Aussehen von den Wölfen unterscheiden.

c) Es lassen sich nur die Erkenntnisse bezüglich der Verhaltensweisen übertragen.

d) Eigentlich stammen Hunde nicht von den Wölfen ab, weshalb die Erkenntnisse über Wölfe auch nicht ausnahmslos auf Hunde übertragen werden können.

Frage 17: Ein Hund kann von der zuständigen Behörde als gefährlich eingestuft werden, wenn ...

a) der Hund Aggressivität zeigt, die über das natürliche Maß hinausgeht.

b) der Hund ständig Ausschau nach einer Sexualpartnerin hält.

c) der Hund permanent bellt und knurrt.

d) der Hund beim Spaziergang nicht aufhört, ständig an der Leine zu ziehen.

Basiswissen 2 – Welpenkunde

WELPENAUSWAHL

Wochenlang haben Sie sich unendlich viele Gedanken zum Hundekauf gemacht und sind nun endlich zu der Entscheidung gekommen, dass Sie der Aufgabe, einen Hund großzuziehen und ihm das Leben zu bieten, das er verdient hat, gewachsen sind. Der Blick in die Wurfkiste, in der die Welpen eng aneinander gekuschelt schlafen und ihre Bäuche mit Milch vollschlagen, lässt Ihr Herz höher schlagen. Jeder einzelne Hund, dem Sie dabei verliebt in die Augen schauen, ist auf seine eigene Art und Weise einzigartig und unglaublich süß. Wenn Sie könnten, würden Sie am liebsten direkt alle mit nach Hause nehmen. Doch erst einmal soll es nur ein einziger Vierbeiner sein, dem Sie ein neues Zuhause schenken. Ihre Augen wandern von einem süßen Racker zum nächsten und es scheint Ihnen unmöglich, sich nur einen Fellknäuel aus der Gruppe auszusuchen, und Sie fragen sich, welcher es denn nun sein soll.

Natürlich gibt es einige Hunderassen, die Sie persönlich etwas süßer und niedlicher finden werden als andere. Deshalb kann auch niemand leugnen, dass die Optik bei der Auswahl des Hundes keinerlei Rolle spielen würde, jedoch sollten Sie Ihre Entscheidung nicht nur rein vom Optischen abhängig machen. Denn es macht durchaus Sinn, einen Hund nach seiner Rasse auszuwählen, da mit der Rasse nicht nur optische Eigenschaften verbunden sind, sondern auch bestimmte charakterliche Eigenschaften und Wesenszüge.

Während der Shih Tzu, der zu der Kategorie der Schoßhunde zählt, ein typischer Gesellschafts- und Begleithund ist und eine fröhliche und anhängliche Art besitzt, haben Schutzhunde, wie der Deutsche Schäferhund, einen ausgeprägten Schutz- und Beutetrieb. Sie greifen ein, sobald sie sich bedroht fühlen. Hüte- und Arbeitshunde, in deren Kategorie sich auch der Border Collie einreiht, wurden für das selbstständige Arbeiten am Vieh gezüchtet und benötigen deshalb viel

Beschäftigung. Andere Rassen, wie der Golden Retriever, sind für ihre freundliche, intelligente und kinderliebe Art bekannt, während der Zwergspitz eher für seine aufgeweckte Art geliebt wird. Und Rassehunde haben gegenüber eines Mischlings wiederum einen großen Vorteil: In ihrer körperlichen sowie ihrer charakterlichen Entwicklung sind sie berechenbar, während Mischlingen immer gewisse Überraschungen innewohnen. Nichtsdestotrotz können Mischlinge ganz liebevolle und vor allem loyale Hunde sein. Grundsätzlich gilt als Richtlinie für seine ausgewachsene Größe, dass er letztendlich vermutlich ein wenig kleiner als die größte Rasse sein wird, die an der Mischung beteiligt ist. Außerdem können einige Wesenszüge einer bestimmten Rasse durch die Charaktereigenschaften der anderen beeinflusst werden. Es ist also gar nicht so einfach, den passenden Hund auszuwählen. Wie sollten Sie dabei also am besten vorgehen?

Überlassen Sie die Wahl dem Hund

Es kann durchaus sinnvoll sein, Ihrer Intuition zu folgen und sich für den Welpen zu entscheiden, der Ihnen sofort ins Auge springt und Ihnen gefällt. Wenn die Hunde jedoch schon etwas älter sind, reagieren sie zumeist auf fremden Besuch. Dann ist es immer klug, sich ihr Verhalten mal genauer anzuschauen. Vielleicht ist unter all den Vierbeinern eine Fellnase dabei, die sofort Ihre Aufmerksamkeit und Ihre Nähe sucht? Wenn ein Hund sofort auf jemanden zukommt, ist das meistens ein gutes Zeichen, da er spontane Sympathie gegenüber einer ihm unbekannten Person empfindet und sich dadurch zu ihr hingezogen fühlt. Sympathie und Anziehung sind immer eine gute und vielversprechende Grundlage für ein glückliches und harmonisches Zusammenleben in der Zukunft – die Voraussetzung ist natürlich, dass diese Gefühle auf Gegenseitigkeit beruhen.

Hören Sie auf den Rat des Züchters

Es ist nahezu unmöglich, nach einem kurzen Besuch ein umfassendes Bild von einem einzelnen Welpen zu zeichnen. Deshalb sollten Sie im Zuge der Welpenauswahl immer auch ein intensives Gespräch mit dem Züchter führen. Der Züchter lernt die Welpen bereits am Tag ihrer Geburt kennen und begleitet sie in ihrem ersten Lebensabschnitt, bis sie ein neues Zuhause gefunden haben. Er weiß ganz genau, welcher der kleinen Vierbeiner eher zurückhaltend, welcher mutig und welcher tollpatschig ist und welcher Hund das größte Selbstbewusstsein hat. Er beobachtet den kleinen Nachwuchs schließlich tagtäglich und ist sowohl mit dem Spielverhalten der Welpen als auch mit ihrem Fressverhalten vertraut. Besonders aufschlussreich kann das Beobachten des Spielens der Welpen sein, da das Spielverhalten Hinweise auf bestimmte Charaktereigenschaften zulässt. So sind sehr zurückhaltende Welpen in der Regel bei Interessenten oftmals beliebt, da sie in ihnen den menschlichen Beschützerinstinkt wecken. Doch ängstliche Welpen sollten immer nur in die Hände von bereits erfahrenen Hundebesitzern gegeben werden, da sich aus ihrem zurückhaltenden Wesen manchmal auch problematische Verhaltensweisen entwickeln können.

Selbst wenn Ihnen der Züchter womöglich genau von dem Welpen abraten sollte, den Sie ins Auge gefasst haben, sollten Sie in den Rat eines erfahrenen Züchters vertrauen. Gute Züchter spüren, ob ein Interessent und ein Hund ein gutes Team abgeben würden oder nicht. So würde er zum Beispiel einem zukünftigen Hundebesitzer ohne ausreichend Erfahrung eher davon abraten, sich einen ausgesprochen dominanten Rüden anzuschaffen, und ihm vermutlich eher raten, sich für eine ausgeglichene Hündin zu entscheiden.

Sobald Sie sich dann vorläufig für einen Welpen entschieden haben, sollten Sie Ihren potentiellen Hundenachwuchs mehrere Male besuchen, bevor Sie Ihre Entscheidung endgültig treffen. Erst nach mehreren Besuchen können Sie sich ein umfassendes Bild machen, sodass Ihr persönlicher Eindruck vom Welpen immer facettenreicher wird. Es empfiehlt sich jedoch, mit dem Besuch der Welpen zu warten, bis sich diese vollständig von ihrer Geburt erholt haben, und sie erst dann zu beobachten, wenn sie schon einige Wochen alt sind.

Hündin oder Rüde?

Natürlich spielt auch das Geschlecht bei der Auswahl eines Hundes eine große Rolle. Einige Menschen bevorzugen eine Hündin, wohingegen sich andere lieber einen Rüden anschaffen. Grundsätzlich gelten Hündinnen als anhänglicher und familienbezogener. Rüden weisen hingegen eher dominantere Wesenszüge auf und lassen sich zudem schneller auf Raufereien ein.

Wenn Sie mit dem Gedanken spielen, eine Hündin zu erwerben, sollten Sie sich außerdem darüber bewusst sein, dass Hündinnen zweimal im Jahr läufig werden. Besonders in den warmen Sommermonaten, wenn eine Hitzewelle die andere jagt, üben Hündinnen einen geradezu unwiderstehlichen Reiz auf sämtliche Rüden in ihrer Nähe aus. Weiterhin geht die Läufigkeit der Hündinnen mit dem Austreten eines schleimig-blutigen Ausflusses einher, weshalb Sie vorsorglich auch kostbare Möbel sowie Autositze abdecken sollten.

ZÜCHTER

Neben der Auswahl des Welpen sollten Sie sich Gedanken darüber machen, woher Sie Ihren Hund überhaupt holen möchten. Von der netten Nachbarin von gegenüber, deren Hündin versehentlich Nachwuchs bekommen hat, über den professionellen und verantwortungsbewussten Züchter, der sein Handwerk des Vermehrens versteht, bis hin zum organisierten Welpenhandel, der oftmals mit tierquälerischen Aktivitäten verbunden ist – vieles ist möglich.

Selbstredend sollten Sie sich immer vom organisierten Welpenhandel sowie dem verantwortungslosen Vermehren der Hunde fernhalten. Die dort vorherrschenden Bedingungen sind nicht nur für die Hunde selbst grausam und barbarisch, sondern haben mitunter auch relativ häufig Zuchtschäden, schwere Krankheiten und zum Teil sogar extreme Störungen im Verhalten zur Folge. Die Aspekte und Anhaltspunkte, die im Folgenden aufgelistet sind, weisen auf eine tiergerechte und verantwortungsvolle Zucht hin:

- Die Elterntiere können von den Interessenten angesehen und besucht werden.
- Die Welpen werden in der Familie aufgezogen, damit sie viele verschiedene Alltagsreize kennenlernen können.
- Der Züchter nimmt sich ausreichend Zeit für die Interessenten und ermöglicht ihnen eine eingehende Beratung.
- Die Hunde haben Vertrauen zum Züchter und machen einen sicheren, zufriedenen und freundlichen Eindruck.
- Die jungen Welpen dürfen mindestens bis zu ihrer 8. Lebenswoche bei ihrer Mutter bleiben, wobei es bei vielen Rassen sogar noch besser ist, den Zeitraum auf 12 Wochen zu verlängern. Welpen, die früher aus dem Wurf entfernt werden, zeigen später häufiger aggressive Verhaltensweisen und weisen mangelndes Sozialverhalten auf.
- Die Welpen wurden entwurmt und haben darüber hinaus einen ersten Impfschutz erhalten. Außerdem besitzen eingetragene Züchter einen EU-Heimtierausweis, in dem Informationen über Entwurmungen sowie Impfungen und die Chipnummer vorhanden sind.
- Sie erhalten von einem eingetragenen Züchter einen Abstammungsnachweis, in der sich die Ahnentafel des Welpen befindet.

Darüber hinaus sollten Sie auch bei zu niedrigen Preisen immer skeptisch werden. Auch wenn ein eher niedriger Preis Ihren Geldbeutel freut, hat eine artgerechte Welpenzucht doch immer ihren Preis, der mit dem Kaufpreis durch den zukünftigen Besitzer ausgeglichen werden muss. Im Zuge dessen sind etwa die Kosten für den Tierarzt des Muttertieres während ihrer Trächtigkeit sowie die Erstversorgung ihrer Jungen, die Wurfkiste, das Welpenfutter, die Wurmkuren, die Impfung und der Impfpass zu nennen. In der Summe kommen dabei schnell mehrere hundert Euro für ein Junges zusammen, und das sogar dann, wenn der Halter des Muttertieres gar keinen Gewinn machen möchte. Außerdem muss an dieser Stelle angemerkt werden, dass ein verhaltensgestörter und/oder kranker Welpe vom Vermehrer auf lange Sicht deutlich teurer sein würde. Neben dem ganz offensichtlichen Aspekt der Tierquälerei kostet ein Wühltischwelpe nicht nur unheimlich viele Nerven, sondern verursacht in der Regel auch hohe Kosten beim Tierarzt.

ENTWICKLUNGSPHASEN DES WELPEN

Hundewelpen erblicken zwar relativ hilflos das Licht der Welt, wachsen auf der anderen Seite jedoch ziemlich schnell zu selbstständigen Individuen heran, die alle eine ganz einzigartige Persönlichkeit entwickeln. Bei ihrer überwältigenden Reise durchlaufen die Hunde dabei viele verschiedene Phasen, die sich nicht immer eindeutig abgrenzen bzw. datieren lassen. Die einzelnen Entwicklungsstadien ermöglichen es uns, den Hund, sein Verhalten sowie seinen Charakter zu verstehen, nachzuvollziehen und diesem dadurch angemessen zu begegnen.

Die pränatale Phase

Die pränatale Phase umfasst den Zeitraum, in dem sich der Welpe noch in der Gebärmutter seines Muttertieres befindet. Sie dauert etwa 58-68 Tage lang an. Auch wenn eine trächtige Hündin während der Schwangerschaft genauso leben sollte wie vorher auch, sollte sie die letzten Wochen ihrer Trächtigkeit mit mehr Vorsicht und weniger Aktivitäten verbringen. Außerdem sollte sie keinem unnötigen Stress ausgesetzt werden, denn neuere Forschungen zeigen, dass das Muttertier ihre Welpen bereits im Embryonalstadium beeinflusst. Hierbei ist wahrscheinlich das Ausmaß an Geschlechts- sowie Stresshormonen, die die Hündin absondert und über ihre Plazenta an ihre Jungen weiterführt, ausschlaggebend.

Nicht selten führt pränataler Stress dazu, dass sowohl die Organe als auch das Gehirn des Welpen bereits bei der Geburt darauf konditioniert werden, in stressigen Situationen auf eine bestimmte Art und Weise zu reagieren. Dadurch können einerseits das Lernvermögen sowie die Neugier geschwächt und andererseits Aggressivität herausgebildet werden. Darüber hinaus kann sich pränataler Stress auch auf das sexuelle Verhalten der heranwachsenden Welpen auswirken.

Da sich die Hündin während ihrer Trächtigkeit nicht nur selbst versorgt, benötigt sie nährstoffreiches Futter. Hierfür gibt es gutes Alleinfuttermittel, das sich nicht nur in der Trächtigkeit, sondern darüber hinaus auch in der Säugezeit für das Muttertier eignet. Zudem kann Alleinfuttermittel auch für heranwachsende Welpen und junge Hunde verwendet werden.

Die neonatale Phase – 0 bis 2 Wochen

Während der neonatalen Phase, die auch als **vegetative Phase** bekannt ist, schlafen die Welpen beinahe die ganze Zeit und sind nur zu rund 2 bis 15 % aktiv am Tag, da sie stark von der Hündin abhängig sind. In den ersten zwei Wochen ihres Lebens ist das Säugen die Hauptbeschäftigung der Welpen. Um den Milchfluss anzuregen, treten die Welpen mit ihren Pfoten gegen die Zitzen der Mutter. Da sowohl das Saugverhalten als auch der Milchtritt der Welpen angeborene Verhaltensweisen sind, ist auch die Nahrungssuche ein ganz natürlicher Teil ihrer individuellen Entwicklung, weshalb die Hündin und ihr Junges das Saugen ganz ohne fremde Hilfe schaffen. Nichtsdestotrotz kann unter Umständen ein wenig Hilfe nützlich sein, zum Beispiel dann, wenn die Hündin noch unerfahren ist oder sich die Welpen nicht von allein zurechtfinden.

Vergangene EEG-Untersuchungen haben gezeigt, dass das Gehirn von Welpen bei der Geburt eine relativ niedrige Aktivität verzeichnet. Da ihre Augen noch geschlossen und ihre Sehnerven unentwickelt sind, können Welpen zu Beginn noch gar nichts sehen. Außerdem sind auch ihre Gehörgänge geschlossen, weshalb sie nicht nur nichts sehen, sondern auch nichts hören können. Trotzdem reagieren Welpen auf laute Geräusche und grelles Licht und können schon winseln und schreien und dabei verschiedene Emotionen zum Ausdruck bringen. Weiterhin funktionieren sowohl der Darm als auch die Harnblase der Welpen bereits von Geburt an, jedoch können sie diese noch nicht alleine in den ersten zwei Wochen ihres Lebens entleeren. Aus diesem Grund leckt die Hündin sie zur Simulation ab, damit die Jungen Urin und Kot absetzen können. Außerdem können Welpen ihre eigene Körpertemperatur noch nicht selbstständig in ihren ersten Tagen regulieren und sind deshalb auf die Wärme ihrer Mutter und ihrer Geschwister angewiesen. Zudem sollten sie sich immer an einem warmen Ort aufhalten.

Die Übergangsphase – 2 bis 4 Wochen

Die Übergangsphase ist ebenfalls eine kurze, aber dennoch sehr ereignisreiche Zeit, in der drastische Veränderungen für den Welpen bevorstehen. Welpen öffnen zum ersten Mal nach 12 bis 13 Tagen ihre Augen. Einige Tage später ziehen sich dann auch die Pupillen bei starken Lichtverhältnissen zusammen, weshalb sich die Welpen von nun an im Verfolgen beweglicher Objekte versuchen. Zu Beginn sehen Welpen vermutlich nur Schatten und Licht und keinerlei Details. Je stärker sich jedoch ihre Augenmuskulatur, ihr Pupillenreflex, ihre Sehnerven sowie ihr Sehzentrum im Gehirn entwickeln, desto mehr verbessert sich auch die Sicht der Jungen. Sobald die Welpen 28 Tage alt sind, können sie in der Regel wie ausgewachsene Hunde sehen.

Darüber hinaus beginnt das Gehör zum Ende der Übergangsphase, zu funktionieren, sodass die Welpen erstmals auch auf laute Geräusche reagieren können. Da sie ihre Augen bereits vor einigen Tagen geöffnet haben, gelingt es ihnen nun, ihren Blick zu fixieren. Aus diesem Grund können sich die Welpen von da an auch Geräusch- oder Seheindrücken entziehen und es zeigen sich erste Angstanzeichen. In der Vergangenheit durchgeführte Hörtests lassen zudem darauf schließen, dass sich Welpen, die 3 bis 4 Wochen alt sind, an Geräuschen orientieren können und genauso gut wie bereits ausgewachsene Hunde hören können. Neben den Augen und dem Gehör entwickeln sich auch die Nervenbahnen der Vorderbeine nach zwei Wochen, sodass die Welpen erstmals sitzen können. Nach drei Wochen verbessert sich zudem die Motorik des hinteren Körperbereichs, wodurch die Welpen nicht nur sitzen, sondern auch stehen können. Jetzt ist auch die Zeit, zu der die Welpen anfangen, miteinander zu spielen. Nach rund zwei bis vier Wochen hat sich außerdem auch das Schmerzempfinden der Jungen vollständig entwickelt.

Sobald die Welpen 3 bis 5 Wochen alt sind, verhalten sie sich zunehmend wie ausgewachsene Hunde, die knurren, bellen und mit dem Schwanz wedeln. Sie spielen mit ihrer Mutter und ihren Geschwistern, werden neugieriger und zugleich kontaktfreudiger, weshalb sie sich erstmals aus der Wurfkiste herauswagen. Weiterhin fangen die Eckzähne im Oberkiefer an, zu wachsen, wodurch die Welpen das Kauen erlernen können. Nun sind sie außerdem alt und selbstständig genug, um alleine ihr Geschäft zu verrichten, und sind deshalb nicht mehr auf die Hilfe ihrer Mutter angewiesen. Sie lernen assoziativ, wodurch sie bestimmte Reize mit einer bestimmten Reaktion verknüpfen können. Nachdem sie in den vergangenen Tagen gelernt haben, dass es beim Geklapper der Futternäpfe Essen gibt, fangen sie beim Erklingen dieses Geräusches beispielsweise an, zu speicheln.

Die Hündin ergreift bis zu einem Alter von 4 Wochen die Initiative zum Saugen. Anschließend beginnen die kleinen Fellknäuel von selbst, eigenständig zu trinken, und betteln bei ihrer Mutter. Dabei bildet sich ein klassischer Mutter-Kind-Konflikt heraus, der für Hunde typisch ist, da es im Interesse der Welpen liegt, so lange wie nur eben möglich gesäugt zu werden. Auf der anderen Seite versucht die Hündin, das Saugen durch ihre Welpen so schnell wie möglich zu unterbinden, da das Säugen für die Mutter sehr kräftezehrend ist.

Die Sozialisierungsphase – 4 bis 12 Wochen

4 Wochen

Sobald die Welpen 4 Wochen alt sind, sind sie vollständig entwickelte kleine Hunde, die nun in ihre **wahrscheinlich wichtigste Lebensphase** eintreten. Während der Sozialisierungsphase sind Welpen für soziale Reize besonders empfänglich. Aufgrund ihrer großen Neugier können sie sich all das merken, was ihnen gezeigt wird. Außerdem fällt es ihnen leicht, zu verschiedenen Individuen neue Bindungen aufzubauen und einzugehen. Die Sozialisierungsphase ist der richtige Zeitpunkt, um mit dem Umgebungstraining zu beginnen. Denn Forschungen legen nahe, dass die Erfahrungen, die Welpen während dieser Phase sammeln, einen starken Einfluss auf ihre weitere Entwicklung haben werden. So zeigt sich, dass die Welpen, die nur wenig Umgang mit Menschen gewohnt sind, häufig weniger kontaktfreudig sind und Schwierigkeiten im Alltag haben können. Während der Sozialisierungsphase kommt dem Züchter eine verantwortungsvolle Rolle zu. Die Welpen müssen lernen, ohne die Hilfe und Unterstützung ihrer Geschwister ein vollwertiger Teil des Familienlebens zu werden. Dabei sollte der Züchter die Welpen mit den Erlebnissen des Alltags, den Menschen sowie den Geräuschen vertraut machen, bevor die Jungen ihre Angstreaktionen vollständig entwickelt haben. Sobald die Welpen 5 bis 6 Wochen alt sind, sollte ihr Kontakt zu Menschen zunehmend gesteigert werden. Es sollte mit ihnen gespielt sowie gekuschelt und es sollten gemeinsam kleine Ausflüge unternommen werden.

5-7 Wochen

Mit 5 bis 7 Wochen gehen die Welpen dann also auf kleine Erkundungsreisen. Die Hälfte ihrer wachen Tageszeit verbringen sie dabei durchschnittlich intensiv spielend miteinander und mit anderen Mitgliedern des Rudels. Zudem erlernen sie die sogenannte Beißhemmung – also wie stark man seine eigenen Geschwister beißen kann, bis diese schmerzhaft aufjaulen und das Spielen daraufhin beenden. Grundsätzlich jaulen Welpen einerseits, weil sie Schmerzen haben, und andererseits, weil jeder junge Hund in diesem Alter etwas dramatisch ist. Zur selben Zeit lernen sie jedoch auch soziale Signale kennen und entwickeln ein Gefühl dafür, wie man miteinander umgehen sollte. Insofern es im Haushalt auch weitere, ausgewachsene Hunde geben sollte, beteiligen sich auch diese am Erlernen und der Entwicklung von sozialen Signalen der Welpen. Aus diesem Grund ist es auch so wichtig, dass die Jungen zu anderen Hunden Kontakt haben. Während der Sozialisierungsphase werden die Welpen für die Hündin besonders anstrengend. Deshalb lässt sie ihre Jungen für einen längeren Zeitraum alleine und beginnt mit dem sogenannten Absetzen. Dabei entwöhnt sie ihre Welpen von der Muttermilch. Normalerweise ist dieser Prozess relativ entspannt. Sollte die Hündin die Welpen jedoch als zu energisch empfinden, wird sie leicht gereizt und greift nicht selten auch einmal hart durch. Sobald die Welpen 5 bis 6 Wochen alt sind, fressen sie außerdem beinahe wie ein ausgewachsener Hund, obwohl ihnen das Kauen von zu hartem Futter immer noch einige Schwierigkeiten bereitet. Weiterhin beginnen sie mit der Verteidigung von Futter und anderen Gegenständen. Ihr Territorium beschützen sie hierbei, indem sie knurren, Spielsachen schütteln und ihre Pfoten über die Dinge legen. Darüber hinaus entwickelt sich erstmalig die Rangordnung der Welpen, wobei sich diese im Verlauf ihres Heranwachsens konstant verändert.

8-9 Wochen

In einem Alter von 8 bis 9 Wochen verlässt die Mehrheit der Welpen dann den Züchter und auch ihre Wurfgeschwister sowie ihre Mutter ziehen in ein neues Zuhause ein. Das Alter von 8 bis 9 Wochen ist dabei ein guter Zeitpunkt für den ersten Umzug, da der Welpe bislang nur von seiner Mutter, seinen Geschwistern und womöglich noch von anderen Hunden des Rudels geprägt wurde. Jetzt ist die Zeit gekommen, in der der Welpe von seinem neuen Besitzer erzogen wird. Wird ein Welpe zu früh von der Hündin getrennt, wird das zukünftige Zusammenleben mit anderen Hunden vermutlich problematisch werden, da der Hund nicht ausreichend sozialisiert wurde. Um die Grundlage für ein harmonisches Miteinander zu legen und damit der Hund zu einem ausgeglichenen Individuum heranwachsen kann, sollte das vom Züchter begonnene Umgebungstraining vom neuen Halter weitergeführt werden.

Bis 12 Wochen

Welpen lernen in einem Alter von 8 bis 12 Wochen hervorragend, da sich ihre Erlebnisse zunehmend als bleibende Erinnerungen manifestieren. Darüber hinaus ist das Alter von 8 bis 12 Wochen auch eine wichtige soziale Phase im Leben eines Welpen, da die neuen Besitzer durch das Umgebungstraining weiterhin am Fundament für die zukünftige Mentalität des Hundes arbeiten. Während dieser Zeit ist es unglaublich wichtig, dass der Welpe auf neue Menschen und Tiere trifft und fremde Situationen kennenlernt – und das auf eine angenehme und entspannte Art und Weise. Denn der Hund sollte sich ganz ruhig und ausgeglichen an seine neue Umwelt gewöhnen dürfen, wobei Frauchen oder Herrchen dabei für Nähe, Fürsorge, Geborgenheit und Sicherheit stehen. Wird der Welpe in dieser Lebensphase jedoch mit zu starken Sinneseindrücken konfrontiert und diesen ausgesetzt, kann er einen Schock bekommen, der ihn für den Rest seines Lebens beeinflussen und beeinträchtigen wird.

Die juvenile Phase/Rangordnungsphase – 12 Wochen bis 7 Monate

In der juvenilen Phase entwickelt sich der Welpe zum **Junghund** und wächst sowohl körperlich als auch mental zu einem erwachsenen Vierbeiner heran, der seine ganz eigene und einzigartige Persönlichkeit entwickelt. Neben all den schönen Veränderungen in der juvenilen Phase verringert sich jedoch auch das Interesse zum Knüpfen von neuen Kontakten. Gleichzeitig nimmt die Angst der Hunde zu. Das Umgebungstraining der Sozialisierungsphase kann auch während der Entwicklung zum Junghund fortgeführt werden, auch wenn es etwas schwieriger und arbeitsintensiver sein wird, gute Ergebnisse zu erzielen. Nichtsdestotrotz eignet sich die Phase hervorragend zum Lernen erster Kommandos, guter Angewohnheiten und klarer Regeln. Deshalb ist die juvenile Phase außerdem der ideale Zeitpunkt, um den Hund an kürzere Perioden des Alleinseins zu gewöhnen. In mehr als der Hälfte seiner Wachphasen ist der Welpe nun mit dem Spielen beschäftigt. Dabei trainiert er nicht nur seine Muskeln, sondern auch seinen

Charakter, und lernt darüber hinaus sowohl seine schwachen als auch seine starken Seiten besser kennen. Hundebesitzer sollten sich während dieser Zeit vermehrt zu ihm auf den Boden gesellen und mit ihm spielen, um die Beziehung zu fördern und das gegenseitige Band zu stärken. In diesem Alter neigen Welpen dazu, beim Spielen immer mal wieder zu beißen. Um dem Hund beizubringen, dass er damit aufhören soll, kann man immer mal wieder aufstehen, weggehen oder ein Spielzeug zur Hand nehmen, auf das die Aufmerksamkeit des Hundes dann gelenkt wird. So lernt der Hund, in welches Spielzeug er reinbeißen darf und in welches eher nicht.

13. bis 16. Woche

Der Zeitraum zwischen der 13. und der 16. Woche ist auch als halb geschlechtsreif bekannt, da in dieser Zeit sowohl bei Hündinnen als auch bei Rüden der Testosteronspiegel ansteigt und der Welpe nun versucht, seinen eigenen Platz zu finden.

Ab 5 Monaten

Sobald der Welpe etwa 5 Monate alt ist, steigt außerdem sein Jagdinstinkt, was daran erkennbar ist, dass er vermehrt auf verschiedene Düfte reagiert und den unterschiedlichen, von ihm gewitterten Spuren folgt. In dieser Zeit haben Hundehalter oftmals das Gefühl, dass ihr Welpe in seiner eigenen Welt leben würde und nicht richtig hört, wenn man ihn ruft. Das liegt jedoch nicht darin begründet, dass der Welpe ungehorsam ist. Vielmehr ist er so auf die einzelnen Sinneseindrücke konzentriert, dass er seinen Besitzer gar nicht hört. Außerdem sind die meisten Welpen in der Regel in einem Alter von 6 Monaten stubenrein.

Nach 16 bis 20 Wochen werden die spitzen Welpenzähne dann durch neue, kräftigere und bleibende Zähne ersetzt. Welpen erleben den Zahnwechsel auf ganz unterschiedliche Weise. So gibt es einige, die überall hineinbeißen, wohingegen andere überhaupt nicht auf den Zahnwechsel reagieren. Nicht selten kommt es währenddessen dazu, dass Welpen ihre Milchzähne verschlucken. Auf der anderen Seite kann es auch vorkommen, dass sich nicht alle Milchzähne von alleine lösen und unter Umständen dann operativ entfernt werden müssen. Aus diesem Grund sollte regelmäßig kontrolliert werden, ob und dass sich alle ersten Zähne lösen und die bleibenden Zähne auch durchkommen können. Zwischen der 16. und 20. Woche, mit Beginn des Zahnwechsels, lohnt es sich außerdem, eine tägliche Zahnputzroutine einzuführen, um potentiellen Zahnproblemen in der Zukunft vorzubeugen.

5. bis 7. Monat

Die Zeit zwischen dem 5. und dem 7. Monat wird unter anderem als **Spooky Periods** bezeichnet, da der Welpe in diesem Zeitraum plötzlich vor den alltäglichsten Situationen Angst hat, die zuvor keinerlei Probleme bereitet haben. So fürchten sich Welpen unter anderem vor Dunkelheit, reagieren verängstigt auf Schatten oder auf im Wind flatternde Fahnen. Die Angstzustände kommen dabei in Form von Misstrauen, Bellen, Weigerungen des Näherkommens oder durch Zurückweichen zum Ausdruck. In solchen Situationen sollten Hundebesitzer nicht wütend werden oder versuchen, ihren Hund zu etwas zu zwingen. Außerdem sollte vermieden werden, den Welpen abzulenken oder ihn durch Leckerlis oder Streicheleinheiten zu locken. Anstatt unangenehmen Dingen aus dem Weg zu gehen oder dem Hund Bedauern entgegenzubringen, sollten sich Hundebesitzer stattdessen unberührt zeigen und so handeln, als wenn nichts geschehen wäre. Sollte ein bestimmter Ort Angst im Welpen auslösen, sollten Hundebesitzer zudem in den nächsten Wochen vermehrt und solange an diesem Ort vorbeilaufen, bis der Hund seine Furcht abgelegt hat.

Die Pubertätsphase (die körperliche Geschlechtsreife) – 7 bis 14 Monate

7. bis 9. Monat

Je nach Rasse kommt der Welpe mit dem Beginn des siebten bis zwölften Monats in die Pubertätsphase, die auch als **adoleszente Phase** bekannt ist. Seine körperliche Geschlechtsreife erreicht er dabei mit etwa 7 bis 9 Monaten, wobei es bei größeren Hunderassen bis zu 18 Monate dauern kann, ehe sie körperlich geschlechtsreif werden. Mit dem Beginn der Geschlechtsreife werden Hündinnen zum ersten Mal läufig und die Rüden markieren mit Urin ihr Revier.

Bis 14 Monate

Die Pubertätsphase äußert sich durch deutliche Veränderungen im Verhalten der Hunde, bevor sich ihr Hormonspiegel stabilisiert. Bei beiden Geschlechtern kommt es zu einer Abnahme des Spieltriebes. Zudem sind pubertierende Hündinnen und Rüden fremden Hunden gegenüber aggressiver, zögerlicher und antisozialer eingestellt. Aus diesem Grund wird die Pubertätsphase oftmals auch als **Flegel- oder Trotzphase** bezeichnet. Häufig geben die Hunde ihren Besitzern dabei das Gefühl, dass sie ihnen plötzlich nicht mehr gehorchen würden. Manchmal erwecken sie sogar den Eindruck, als wenn sie Fähigkeiten, die sie im Vorfeld beherrscht haben, verlieren würden. Trotzdem sind Hunde während der Flegelphase oftmals für Lerneinheiten empfänglicher. Sollte der Welpe den Unterschied zwischen Lernen und Aktivitäten sowie sozialen Anforderungen und Regeln bis dato noch nicht kennen, ist spätestens jetzt die Zeit dafür gekommen, da sonst leicht eine Stresssituation entstehen könnte und sich der Hund unsicher fühlt.

Weibliche Welpen mögen nun auf der einen Seite geschlechtsreif und körperlich in der Lage dazu sein, eigene Junge zu bekommen, auf der anderen Seite sind sie geistig jedoch noch nicht reif dafür. Prinzipiell ist es in Deutschland sogar per Gesetz verboten, eine jünger als 18 Monate alte Hündin zu verpaaren.

Die Reifungsphase der Pubertät (die psychische Geschlechtsreife) – 14 bis 24 Monate

10. bis 17. Monat

Im Hinblick auf die Hormone ist der Zeitraum zwischen dem 10. und dem 17. Lebensmonat dann eine relativ entspannte Phase, was diesen Zeitraum ebenfalls zu einer guten Lernphase ernennt. Sollte der Hund bereits ein erstes Gehorsamkeitstraining besucht haben, bietet es sich nun an, weitere Folgekurse zu belegen.

8. bis 9. Monat / 12. bis 15. Monat / 18. bis 24. Monat

Sobald der Hund ausgewachsen ist, ist außerdem die Zeit gekommen, vom Welpenfutter zum Futter für ausgewachsene Hunde zu wechseln. Grundsätzlich ist es von der jeweiligen Rasse abhängig, wann ein Hund vollständig ausgewachsen ist. In der Regel sind kleine und mittelgroße Hunderassen um den 8. bis 9. Lebensmonat ausgewachsen, wobei der Zeitraum bei größeren Rassen zwischen dem 12. und dem 15. Lebensmonat schwankt. Darüber hinaus gibt es immer wieder einige individuelle Abweichungen zwischen den jeweiligen Rassen. So gibt es einige weitere sehr große Hunderassen, bei denen es etwa bis zum 18. bis 24. Monat dauert, bis sie vollständig ausgewachsen sind.

17. bis 22. Monat

Auch der Eintritt der psychischen Geschlechtsreife ist von der Rasse des Hundes abhängig und kann ebenso von Hund zu Hund stark variieren. Normalerweise beginnt die Phase der psychischen Geschlechtsreife zwischen dem 17. und dem 22. Monat, wobei die Mehrheit der Hunde in einem Alter von 3 Jahren aus der Pubertät herauswächst. Dabei können Hunde beinahe genauso wie wir Menschen zu dieser Zeit von Hormonen betroffen sein. Während dieser Phase hinterfragt der Hund erneut sowohl seine als auch die Rolle der anderen Rudelmitglieder. Hierbei zeigen selbst furchtlose Welpen häufig Angst, bringen Aggressionen zum Ausdruck oder legen sonderbare Verhaltensweisen an den Tag. Andere Hunde üben sich in dem Versuch, bei anderen Hunden in der Umgebung das Kommando zu übernehmen. Außerdem kommt es häufig vor, dass zuvor befreundete Hunde nun plötzlich zu Feinden werden. Hundehalter bemerken in dieser Zeit oftmals, dass ihr Vierbeiner scheinbar endlos Energie hat und um nichts in der Welt müde werden will.

Hunde benötigen in dieser Lebensphase wahrscheinlich mehr mentale Anreize als in allen anderen Phasen ihres Lebens. Zur selben Zeit ist es jedoch auch wichtig, dass sie sich an den guten Alltagsgewohnheiten orientieren und die geltenden Regeln befolgen. Nicht selten wird die Reifungsphase des Hundes für seinen menschlichen Freund zu einer wahren Herausforderung, da der Hund die gegebenen Strukturen gerne infrage stellt. Aus diesem Grund sollte der Hundebesitzer immer klar und deutlich agieren, denn dann kann die Reifungsphase des Hundes durchaus entspannt werden.

Der ausgewachsene Hund – 2 bis 3 Jahre

In einem Alter von 2 bis 3 Jahren sind die meisten Hunde ausgewachsen. Jetzt kommen die angeborenen Eigenschaften und Wesenszüge des Hundes sowie all die Dinge, die er in seinen ersten Jahren gelernt hat, zum Ausdruck.

Ab 7/8 Jahren

In der Regel enden die Beschreibungen und Differenzierungen der verschiedenen Lebensphasen eines Hundes, sobald dieser ausgewachsen ist. Auch wenn es keine wissenschaftlichen Belege für die Theorie gibt, behaupten trotzdem einige Hundebesitzer, dass der Hund in einem Alter von **7 bis 8 Jahren** in eine **neue Lebensphase** eintritt, die erst **mit dem Tod endet**. Während dieser Phase wirkt es, als wenn der Hund zu einem weisen Tier herangewachsen wäre, das so viel mehr versteht und so viel mehr weiß, als wir Menschen es von unserem vierbeinigen besten Freund jemals erwarten würden.

ERSTE SCHRITTE IM NEUEN ZUHAUSE

Nach langem Warten ist nun endlich der ersehnte Tag gekommen, an dem Ihr neuer Wegbegleiter bei Ihnen einzieht. Inmitten all Ihrer Aufregung und Neugier fragen Sie sich, was Sie bei der Eingewöhnung alles beachten müssen, wie Sie sich am besten verhalten sollen und wie Sie Ihren neuen besten Freund beim Einzug unterstützen können, um damit den Weg für den Rest Ihres gemeinsamen Lebens zu ebnen.

Nach einer endlos scheinenden und von Aufregung geprägten Autofahrt öffnen Sie Ihre Haustür und Ihr kleiner neuer Welpe schaut Sie ganz entzückt aus seiner Transportbox heraus an. Nachdem Sie die Box ganz vorsichtig im Flur abgestellt haben, öffnen Sie das Gitter und warten darauf, dass Ihr kleiner Liebling die ersten Schritte in seinem neuen Zuhause geht. Mit einer leichten anfänglichen Unsicherheit tappelt er aus seiner Transportbox heraus und kann es kaum erwarten, die ganzen Eindrücke, Geräusche und Gerüche seiner neuen Umgebung wahrzunehmen. Zunächst wird er Ihnen sehr dankbar sein, wenn Sie ihn bei seinen ersten Schritten im neuen Zuhause etwas Abstand gewähren und ihn dabei schützend aus der Ferne beobachten. Denn nicht nur die unbekannte Umgebung ist Ihrem Welpen fremd, Sie sind es ebenso. Geben Sie ihm etwas Zeit, das noch fehlende Vertrauen zu Ihnen aufzubauen.

Während der ersten Tage im neuen Zuhause wird Ihr kleiner Mitbewohner nicht nur neugierig, sondern zugleich auch oftmals müde sein. Dann benötigt er viele Phasen der Entspannung und der Ruhe. Grundsätzlich sollte ein Welpe etwa 20 Stunden pro Tag damit verbringen, zu schlafen und zu dösen. Aus diesem Grund sollten Sie die ersten Tage sowie Nächte so einfach und angenehm wie möglich gestalten und Ihrem Vierbeiner ausreichend Zeit schenken, sich auszuruhen und einzuleben. In den ersten 14 Tagen sollten Sie dabei vor allem auf den Besuch von Familie und Freunde verzichten, damit Ihr Welpe lernt, dass Sie seine Bezugsperson sind.

Auf seiner ersten kleinen Entdeckungsreise durch sein neues Zuhause wird Ihr Welpe auf viele spannende und ihm unbekannte Geräusche, Gerüche und Gegenstände stoßen. So manche Dinge konnte er zwar schon in seinen ersten

Lebenswochen gemeinsam mit seinen Geschwistern erkunden und erschnuppern, jedoch wurde er dabei oftmals relativ schnell wieder von seiner Mama zurück in die Wurfbox getragen. Außerdem dürfen Sie nicht vergessen, dass Ihre kleine Fellnase erst seit einiger Zeit stabil auf seinen Pfoten läuft und noch nicht so lange sehen kann. Unterstützen Sie Ihren Vierbeinerfreund deshalb bei der angstfreien Verarbeitung der ganzen neuen Eindrücke. Ihr kleiner Liebling wird zunächst alles, was er unterhalb des Bettes, unter dem Schrank oder dem Regal findet, voller Neugier beschnuppern und die ihm noch fremde Welt mit seinen Zähnen erkunden wollen. Achten Sie also vor allem in der Anfangszeit darauf, Stromkabel, Deko, für Hunde giftige Pflanzen, Chemikalien und auf dem Boden herumliegende kleine Teile zu sichern, um sowohl die Gesundheit als auch das Leben des Welpen zu schützen. Vielen frisch gebackenen Welpeneltern wird zudem der flauschige Teppich im Wohnzimmer zum Verhängnis, der den Welpen häufig dazu einlädt, sein Geschäft darauf zu verrichten.

In der ersten Zeit, in der sich Ihr Welpe an sein neues Zuhause gewöhnt, sollten Sie Ihren Tagesablauf am besten an Ihren Welpen anpassen, da Ihre Aktivitäten von seinem Rhythmus bestimmt werden. Während er noch ein Schläfchen hält, können Sie die Dinge erledigen, die auf Ihrer Tagesliste stehen. Sobald Ihr Welpe dann aber wach ist, sollten Sie ihm Ihre ungeteilte Aufmerksamkeit und vor allem Ihre Zeit schenken. Wenn Kinder mit im Haus leben sollten, bleiben Sie zunächst immer in der Nähe und beobachten Sie die Geschehnisse, um eingreifen zu können, falls das Treiben zu heftig werden sollte. Denn Kinder neigen manchmal dazu, im Umgang mit kleinen Hunden übereifrig zu werden, und wollen den Welpen dann am liebsten permanent drücken, herumtragen und festhalten. Dabei vergessen sie häufig jedoch, dass ein Welpe kein Spielzeug ist.

Sobald sich die erste Aufregung im neuen Zuhause ein wenig gelegt hat, ist es für den Welpen an der Zeit, gefüttert zu werden. Nun ist bereits ein wundervoller Zeitpunkt gekommen, um mit kleinen Erziehungsübungen zu beginnen. Während Sie damit beschäftigt sind, das Futter vorzubereiten, wird Ihr Welpe ganz aufgeregt neben seinem Napf stehen, jammern und dabei herumspringen. Warten Sie ab, bis Ihr Welpe mal eine Pause machen und sich hinsetzen möchte. Bevor Sie den Napf hinstellen, sagen Sie „Sitz" und signalisieren ihm damit, dass er sich setzen soll. Als Belohnung dafür, dass er Ihre Anweisungen befolgt hat, loben Sie Ihren Welpen, sagen ihm, was für ein toller Hund er ist, und stellen ihm seinen vollen Napf hin. Die meisten Hunde lernen sehr schnell, dass sie etwas zu essen bekommen, wenn sie sich ruhig hinsetzen. Sollten Sie den Napf jedoch kommentarlos bei dauerhaftem Gejammer und Gehüpfe bereitstellen, wird ihr

Hund sein Verhalten und die Belohnung in Form eines vollen Napfes verknüpfen und sein Verhalten beibehalten. Mit Sicherheit haben Sie sich im Vorfeld außerdem auch schon einige Gedanken dazu gemacht, wie die ersten Nächte mit Ihrem Welpen ablaufen werden – wo und wie Sie seinen Schlafplatz einrichten und wann und wie oft er in der Nacht raus muss. Ohne Frage wird die erste Zeit sehr mühsam sein und Ihnen so einiges abverlangen, aber schnell werden Sie bemerken, wie gut sich Ihr neuer Vierbeiner einleben und wie wohl er sich dabei bei Ihnen fühlen wird, insofern Sie ihm von Anfang an der Beziehung fürsorglich, verlässlich und einfühlsam zur Seite stehen. Bevor Ihre Augen jedoch am späten Abend vor Müdigkeit beinahe zufallen und Sie nichts lieber tun würden, als sofort ins Land der Träume zu entfliehen, sollten Sie mit Ihrem Welpen noch einmal rausgehen und ihn sein Geschäft erledigen lassen. Auch hierbei ist das Lob für sein Verhalten die halbe Erziehung. Wenn Ihr Welpe es einmal nicht rechtzeitig bis nach draußen schaffen sollte, schimpfen Sie nicht mit ihm, sondern putzen Sie es einfach stillschweigend weg. Wenn Sie Ihren Welpen eine Zeit lang gut beobachten, werden Sie schon schnell bemerken, welche Verhaltensweisen seinem Bedürfnis nach Erleichterung vorausgehen. Meistens werden Hunde unruhig, schnüffeln am Boden, drehen sich im Kreis und hocken sich gebeugt hin. Auf diese Verhaltensweisen folgt zumeist das große Geschäft, was für Hunde eine wichtige und zugleich ernste Angelegenheit ist. In der Regel werden Welpen in einem Alter von etwa fünf Monaten stubenrein. Malheure können natürlich trotzdem hin und wieder passieren, sind jedoch absolut kein Grund zur Aufregung.

Über den Schlafplatz Ihres Welpen sollten Sie sich, noch bevor dieser bei Ihnen einzieht, Gedanken machen. Darf er mit zu Ihnen ins Bett oder soll er sich keinesfalls daran gewöhnen, dass Sie mit ihm Ihr Bett teilen? Wenn Sie Ihren Vierbeiner nicht dauerhaft mit bei Ihnen im Bett schlafen lassen möchten und sein Hundebett viel lieber woanders einrichten wollen, empfiehlt es sich, in der anfänglichen Eingewöhnungszeit gemeinsam auf dem Sofa zu schlafen. Erst vergangene Nacht hat sich Ihr neuer Bewohner noch an seine Geschwister gekuschelt und ihre Wärme genossen. Doch nun fehlen ihm dieses vertraute Gefühl und die bekannten Gerüche in seiner Umgebung. Deshalb ist es nicht ungewöhnlich, falls Ihr Welpe unruhig werden oder zu weinen und zu wimmern beginnen sollte. Um Ihrem neuen Vierbeiner die ersten Nächte in ungewohnter Umgebung zu erleichtern, hilft es deshalb, gemeinsam mit ihm in einem Bett bzw. auf der Couch zu schlafen und zu kuscheln. Dabei wird nicht nur Ihr Welpe von der Wärme und Nähe profitieren, die Sie ihm spenden, sondern auch Sie selbst. Nachdem Sie dann einige Nächte zusammen auf dem Sofa verbracht haben, können

Sie sich Gedanken darüber machen, an welchem Ort Sie Ihrem Hund einen dauerhaften Schlafplatz einrichten möchten.

Anfangs können Welpen jedoch nicht nur wimmern und weinen, weil sie die Wärme und den Geruch ihrer Geschwister und ihrer Mutter vermissen, sondern sie machen ihren neuen Besitzer durch unruhiges Verhalten in der Nacht auch darauf aufmerksam, dass sie ihr Geschäft erledigen müssen und dabei nicht ihren Schlafplatz beschmutzen möchten. Durch Ihre Hilfe wird Ihre kleine Fellnase schon bald verstehen, wo sie ihr Geschäft erledigen darf und wo nicht. Sobald Sie die Eingewöhnungszeit gemeinsam überstanden haben, können Sie dann auch schon bald mit dem Stubenreinheitstraining beginnen. Welpen neigen dazu, meistens alles auf einmal zu wollen. Lag Ihre kleine Fellnase gerade noch schlummernd und friedlich in seinem Gehege, knabbert er womöglich bereits im nächsten Moment fröhlich auf Ihren Lieblingsschuhen herum. Und da seine Entdeckungsreise so spannend und aufregend zugleich war, erledigt er sein Geschäft zu guter Letzt noch auf dem Küchenboden, während Sie damit beschäftigt sind, die angeknabberten Schuhe zu verstecken. Missgeschicke passieren, vor allem bei kleinen Welpen. Anstatt Ihren Vierbeiner dabei anzuschimpfen und sein Fehlverhalten zu bestrafen, sollten Sie sein richtiges Verhalten lieber positiv bestärken und ihn loben. Da Hunde Lob lieben, wird Ihr Welpe alles dafür tun, Anerkennung bzw. Bestätigung für ihre Handlungen von Ihnen zu bekommen. Also loben Sie Ihren Vierbeiner für alle seine guten Taten und sagen Sie ihm währenddessen, wie super er alles macht und was für eine tolle kleine Fellnase er ist.

Auf der anderen Seite führen Bestrafungen und Beschimpfungen lediglich dazu, dass Ihr Hund Ihre Nähe in Zukunft meidet und vor Ihnen davonläuft. Atmen Sie in schwierigen Situationen also erst einmal ganz tief durch und bewahren Sie Ruhe, bevor Sie sich zu Ihrem Welpen wenden. Ihr Unmut über sein Verhalten führt letztendlich nur dazu, dass Sie ihn verunsichern. Stattdessen sollten Sie ihm viel lieber Alternativen aufzeigen und mit ihm durch den Garten gehen und dabei einen geeigneten Ort zum Erledigen seines Geschäftes aufzeigen oder Spielzeug anpreisen, mit dem er sich beschäftigen kann.

Denken Sie außerdem daran, Ihren Garten hundefreundlich zu machen. Entfernen Sie für Hunde giftige Pflanzen und bedenkliches Obst und Gemüse. Achten Sie bei der Gartenpflege darauf, tierfreundlichen Dünger zu verwenden und Ihren Hund im Anschluss für einige Tage nicht auf dem Rasen herumlaufen zu lassen. Außerdem ist es ratsam, den Komposthaufen vor Ihrem Hund zu sichern. Ein einwandfreier Zaun ohne Löcher ist für einen Hund nicht nur dann wichtig, wenn Sie an einer belebten Straße leben. Darüber hinaus sollten Sie auch die Höhe des Zauns auf die Größe Ihres Hundes anpassen und ein Schutz vor dem Durchgraben unter dem Gartenzaun anbringen. Auch wenn die ersten Wochen mit einem Welpen zur wahren Herausforderung werden können und so manches graues Haar wachsen lässt, ist es doch unbeschreiblich schön, Ihren kleinen Liebling auf- und heranwachsen zu sehen. Lassen Sie sich nicht entmutigen und geben Sie nicht auf, wenn ein Malheur das nächste jagt oder Sie Ihre Pläne ganz spontan zugunsten der Eingewöhnung ändern müssen. Ihr Welpe wird schneller groß, als Sie glauben. Also genießen Sie die lustigen und wunderschönen Momente, die Sie gemeinsam mit Ihrem Welpen verbringen, und hören Sie niemals auf, daran zu glauben, dass es davon ganz viele geben wird.

Tipps zur Eingewöhnung

1. Machen Sie zu Hause Ordnung, verstecken Sie Kabel, Schuhe und räumen Sie Teppiche weg.
2. Lassen Sie Ihrem Welpen zunächst etwas Raum zum Entdecken und beobachten Sie ihn aus der Ferne.
3. Gestalten Sie die ersten Tage und Nächte so einfach und angenehm wie möglich und geben Sie Ihrem Welpen genug Zeit, um sich auszuruhen, zu schlafen und sich einzuleben.
4. Verzichten Sie in den ersten 14 Tagen auf Besuch, damit Ihr Welpe lernen kann, dass Sie seine Bezugsperson sind.
5. Ruhe bewahren! Ihre Hektik wird sich auf Ihren Hund übertragen.
6. Schenken Sie Ihrem Hund die Sicherheit, die er braucht, um sich mit seinem neuen Zuhause vertraut zu machen. Schaffen Sie Tabu-Zonen und räumen Sie gefährliche, kleine und herumliegende Dinge weg.
7. Passen Sie Ihren Tagesablauf an den Rhythmus Ihres Welpen an und bleiben Sie immer in der Nähe.
8. Kombinieren Sie das Füttern mit kleinen Erziehungsübungen.
9. Richten Sie den Schlafplatz ein, verbringen Sie die ersten Nächte jedoch in der Nähe Ihres Welpen.
10. Beobachten Sie die Verhaltensweisen Ihres Welpen, um zu lernen, wann er sein Geschäft erledigen muss.
11. Sprechen Sie positiv mit Ihrem Welpen und bestätigen Sie sein gutes Verhalten. Hunde brauchen Lob und werden alles dafür tun, die Anerkennung

bzw. Bestätigung für ihre Handlungen von ihrem neuen Besitzer zu bekommen.
12. Schimpfen Sie nicht mit Ihrem Welpen, wenn er in seiner Neugier auf Ihren Schuhen herumgekaut haben sollte. Wenden Sie sich stattdessen den Dingen zu, mit denen er spielen darf.
13. Unterstützen Sie Ihren Welpen bei der angstfreien Verarbeitung der ganzen neuen Eindrücke.
14. Machen Sie Ihren Garten hundefreundlich.

GRUNDAUSSTATTUNG

Sinnvolle Welpenausstattung

Bei dem Thema der sinnvollen Welpenausstattung bzw. beim Hundezubehör allgemein gibt es nichts, was es nicht gibt, da die Grenzen Ihrer Kauflust höchstens durch Ihren Geldbeutel gesetzt werden. Nichtsdestotrotz gibt es natürlich einige Tipps dafür, was Sie beim Kauf der Grundausstattung für Ihren Welpen beachten sollten. Zunächst sollten Sie in den ersten beiden Wochen, in denen Ihr Welpe bei Ihnen eingezogen ist, das **Welpenfutter** des Züchters beibehalten, um den Übergang in das neue Zuhause zu erleichtern. Anschließend können Sie gerne auf ein anderes **Wachstumsfutter** wechseln und das Futter Ihres Welpen umstellen. **Wasser** sollte Ihrem Hund darüber hinaus immer und zu jeder Zeit zur freien Verfügung stehen. Deshalb bietet es sich an, gleich mehrere Wassernäpfe anzuschaffen. **Futter- und Wassernapf** sollten zudem aus einem leicht zu reinigenden und stabilen Material, wie beispielsweise Edelstahl, bestehen. Eine **rutschfeste Unterlage** für die Näpfe schützt zudem vor Wasser sowie Futterresten und verhindert das lästige Umherschieben der Näpfe.

Neben dem Futter gehört natürlich auch die **Leine**, ein **Halsband** oder **Geschirr** zur Welpenausstattung. Diese müssen zu der Größe Ihres Welpen passen, wobei Halsband oder Geschirr immer mitwachsen können sollten. Wenn Sie sich für ein Geschirr entscheiden, lassen Sie dieses am besten im Vorfeld anprobieren, um sicherzugehen, dass es weder scheuert noch zu weit ist oder drückt. Weiterhin sollte die Ausstattung leicht sein und **den Zähnen Ihres Welpen standhalten** können. Zu Beginn könnten dabei Materialien wie Nylon praktischer als weiches Elchleder sein. Wichtig ist zudem, dass Sie das Halsband nicht nur leicht, sondern auch zügig anlegen können und dass es keine Verschlüsse besitzt, die nur schwer funktionieren. Ansonsten könnte Ihr Welpe das Anleinen als negativ empfinden.

Darüber hinaus sollte Ihr Welpe in jedem Raum seines neuen Zuhauses einen **bequemen Platz** für sich vorfinden, an dem er sich zur Ruhe legen und das Geschehen beobachten kann, ohne dass er Ihnen dabei im Weg ist. Auch hierbei gilt, dass die Ausstattung den Zähnen Ihres Welpen standhalten muss. Besonders am Anfang eignen sich **weiche Decken** und **Körbe aus Kunststoff** besser für das Hundebett als Hundekissen und Weidenkörbe. Sobald es an die Sauberkeitserziehung geht, macht sich eine **Hundebox** bezahlbar. In der Nacht können Sie Ihren Hund darin schlafen lassen und mit ihm nach draußen gehen, sobald er zu jammern beginnt. Dadurch lernt er schnell, dass er sein Geschäft draußen verrichten muss. Außerdem kann eine Hundebox für einen Hund ein prima Rückzugsort sein, wenn Sie kleinere Kinder haben.

Exkurs Hundebett: Welche Optionen gibt es und welches Hundebett ist das richtige?

Das **traditionelle Hundebett** ist eine von vielen Optionen für die Schlafstätte eines Hundes. Es verfügt über eine Liegefläche, die eine Umrandung an allen Seiten hat, wobei sich an einer Seite eine Einstiegsmöglichkeit befindet. Meistens sind traditionelle Hundebetten aus weichem Material, wodurch es sich der Welpe sehr gemütlich machen und auch seinen Kopf auf dem Rand ablegen kann, wenn er das möchte. Wenn Sie sich für ein traditionelles Hundebett entscheiden, sollten Sie darauf achten, dass es sich gut reinigen lässt, denn vor allem bei Welpen geht öfter mal etwas daneben.

Darüber hinaus können Hunde auch im **Hundekorb** ihre Schlafstätte finden. Zumeist bestehen Hundekörbe aus Weide oder Rattan. Sie lassen sich wunderbar mit Decken und Kissen ausstatten. Außerdem sind Hundekörbe leicht und lassen sich problemlos reinigen. Allerdings neigen Welpen dazu, die dünnen Weidestreben anzuknabbern, wodurch der Korb bereits früh an Stabilität und Aussehen verliert und den Hund dadurch leicht verletzen kann.

Hundewannen bestehen meistens aus Kunststoff, haben einen hohen Rand und an einer Seite eine kleine Mulde zum Einsteigen. Sie zeichnen sich einerseits durch ihre simple Reinigung und andererseits durch ihre gute Stabilität aus. Wenn man die Hundewanne dann noch mit einem weichen Kissen ausstattet, sind die perfekten Voraussetzungen gegeben, damit sich der Hund darin wohlfühlen kann.

Hundedecken haben den Vorteil, dass man sie überall mit hinnehmen kann, sie nicht viel Platz brauchen und dem Hund trotzdem ein vertrautes Gefühl vermitteln. Außerdem können Hundedecken auch in Kombination mit

Welpenbetten oder als Schutz für das Bett oder die Couch eingesetzt werden. Genauso hervorragend eignen sich aber auch **Hundekissen**, die im Grunde Hundebetten ohne Rand sind.

Daneben kann auch eine **Hundebox** als Hundebett genutzt werden, die eigentlich hauptsächlich für den Transport gedacht sind. Einige Hunde fühlen sich jedoch in der Hundebox besonders wohl, da sie darin praktisch ihr ganz eigenes Schlafzimmer haben und dort entspannen können. Wenn eine Hundebox als Schlafplatz genutzt wird, sollten Sie immer darauf achten, dass Sie eine Seite offen lassen, damit Ihr Hund aus der Box kommen kann, wenn er das möchte.

Sogenannte **Kennels**, also Hundekäfige, aus Draht können eine Alternative zur Kunststoffbox sein. Auch wenn sie für das Auge gewöhnungsbedürftig sind, bringen sie einige Vorteile mit sich. So sind Kennels luftig, wodurch sich innerhalb keine Hitze anstauen kann, und sie lassen sich zudem klein zusammenklappen.

In puncto **Spielzeug** und **Kauartikel** sollten Sie ihre Kauflaune zügeln, da zwei Spielzeuge für den Anfang vollkommen ausreichend sind. Ihr Welpe könnte sonst leicht den Überblick verlieren und viel schneller dazu tendieren, sich an Gegenständen zu vergreifen, die überhaupt nicht als Spielzeug geeignet sind. Mögen die quietschenden Gummihühner für Welpen mit spitzen Zähnen ungeeignet sein, da ihr dünnwandiger Kunststoff schnell kaputtgehen kann und Teile verschluckt werden können, sind **Kauknochen** im Gegensatz dazu hervorragend geeignet, da sie das Kaubedürfnis der Welpen befriedigen. Wichtig hierbei ist lediglich, darauf zu achten, dass Ihr Welpe keine größeren Stücke des Knochens verschlingt und diese in der Folge zu einem Darmverschluss oder zum Erbrechen führen. Außerdem sind Hunde, die viel Schweineohren, Hautknochen von Rindern oder Ähnliches fressen, anfälliger für Blähungen.

Da Welpen **Körperkontakt** lieben, genießen sie es unheimlich, wenn sie von ihren Haltern **gestreichelt** und mit der **Bürste** sauber gehalten werden. Zudem gibt es **sanfte Hundeshampoos**, falls die Bürste einmal nicht ausreichen sollte. Diese Berührungen sind nicht nur für die Gesundheit und Pflege Ihres Hundes wichtig, sondern auch für Ihre Beziehung zu ihm.

Weiterhin gehört eine **regelmäßige Behandlung** sowohl gegen innere als auch gegen äußere Parasiten rund ums Jahr dazu. Diese schützt nicht nur Ihre Fellnase vor Zecken oder Würmern, sondern auch Sie selbst, da nicht alle Parasiten wählerisch bei der Wahl ihres Wirtes sind. Darüber hinaus können Zecken beispielsweise andere Krankheiten wie Borreliose übertragen, weshalb ein **Schutz vor Parasiten** auch vor Folgeerkrankungen schützt. Am besten legen Sie sich eine

kleine Hausapotheke an, um im Notfall Erste Hilfe leisten zu können. Suchen Sie sich zudem gleich zu Beginn einen **vertrauenswürdigen Tierarzt**. Im Ernstfall wissen Sie dann nicht nur, an wen Sie sich wenden können, sondern Sie können Ihren Hund dort auch regelmäßig impfen und sich beraten lassen.

Versicherungen und Formalitäten

In Deutschland funktioniert nichts ohne Formalitäten, auch beim Kauf eines Hundes nicht. Die erste Sache, die Sie dabei beachten sollten, ist, dass Sie als Besitzer für die von Ihrem Hund verursachten Schäden haften. Bringt Ihr Welpe zum Beispiel einen Radfahrer zum Fallen, müssen Sie für die entstandenen Schäden an Person, Sachen und dem Vermögen aufkommen. Demnach sollten Sie darüber nachdenken, eventuell eine **Hundehalter-Haftpflichtversicherung** abzuschließen, wenn diese nicht ohnehin in Ihrem jeweiligen Bundesland vorgeschrieben ist.

Grundsätzlich ist die Versicherungspflicht für Hundebesitzer in Deutschland nicht einheitlich geregelt. Aus diesem Grund entscheidet jedes Bundesland selbst, ob und welche Pflichten für die Halter von Hunden gelten.

Neben der Hundehalter-Haftpflichtversicherung müssen Sie Ihren Hund **bei der zuständigen Kommune anmelden**, sobald Sie ihn abgeholt haben. Zumeist muss der Hund bis zum Alter von drei Monaten angemeldet sein. Die **Hundemarke** dient dann als Nachweis dafür, dass Sie die **Hundesteuer** bezahlen. Darüber hinaus müssen Listenhunde oftmals auch einen erhöhten Hundesteuersatz zahlen, wohingegen andere, zu gewerblichen Zwecken gehaltene Hunde steuerbefreit sind. Auch sind Blindenführerhunde und Co. in der Regel von der Hundesteuer befreit. Zudem gibt es einige Kommunen, die für Hunde mit bestandener Begleithundeprüfung oder für Hunde, die aus dem Tierheim kommen, Ermäßigungen oder sogar eine Befreiung von der Steuer gewähren. Daneben gibt es noch **weitere Versicherungen**, die Sie bei Bedarf abschließen können. Hierzu zählen etwa:

- eine Hundekrankenversicherung
- eine Hunde-OP-Versicherung
- Reisekranken- oder Reiserücktrittskostenversicherung für Hunde
- Jagd-Haftpflicht mit Jagdhund-Unfallversicherung
- Hundehalter-Rechtsschutzversicherung

Vergessen Sie darüber hinaus nicht, Ihren Hund außerdem in einem **Haustierregister** eintragen und registrieren zu lassen. Falls Ihr Hund nämlich einmal verloren gehen sollte, kann anhand seiner Chipnummer ganz einfach festgestellt werden, wo er herkommt.

Checkliste/Einkaufsliste

- Futter- und Wassernapf aus leicht zu reinigendem und stabilem Material, z. B. aus Edelstahl
- eine rutschfeste Unterlage für den Futter- und den Wassernapf schützt vor Wasser und Futterresten und verhindert das Umherschieben der Näpfe
- ein kleiner Vorrat Welpenfutter, Wachstumsfutter, Wasser, Leckerlis
- Leine, Halsband oder Geschirr
- Hundebett mit Ausstattung
- Hundebox oder Kennel als geschützter Rückzugsraum
- etwas Spielzeug, z. B. Spielseil, bissfestes Gummispielzeug und Kauartikel, wie ein Kauknochen oder ein Schweineohr
- Autobox, ggf. ein Maulkorb und Fahrradkorb
- Bürste, Hundeshampoo, Floh- und Zeckenmittel
- Kotbeutel
- regelmäßige Behandlungen und Untersuchungen
- Hundehalter-Haftpflichtversicherung, Hundesteuer-Anmeldung (Hundemarke), Registrierung im Haustierregister, eventuelle Zusatzversicherungen
- optional: Tasche mit Leckerlis für unterwegs
- optional: Treppengitter oder Laufgitter zum kurzfristigen Einschränken des Bewegungsbereiches

FRAGEN ZUR VORBEREITUNG FÜR DIE THEORIEPRÜFUNG

Frage 1: Was zeichnet einen seriösen Züchter aus?

a) Ein seriöser Züchter hat ständig einen neuen Wurf Welpen, damit er die große Nachfrage nach bestimmten Rassen decken kann.

b) Ein seriöser Züchter züchtet normalerweise Hunde von verschiedenen Rassen und verkauft mehr als eine Hunderasse.

c) Ein seriöser Züchter hält seine Welpen in einer sauberen Zwingeranlage und legt großen Wert darauf, dass die Hunde durch die Besucher nicht gestört werden. Deshalb dürfen Interessenten die Welpen erst bei der finalen Abholung näher kennenlernen.

d) Ein seriöser Züchter gibt gerne Auskunft über seine Hunde, integriert die Welpen in seine Familie, setzt sie während ihrer Aufzuchtphasen verschiedenen Reizen aus und klärt die Interessenten neben allgemeinen Informationen auch über potentielle Nachteile der gewählten Rasse auf.

Frage 2: Welche Konsequenzen können lange und häufige Haltungen im Zwinger auf die Entwicklung eines Welpen haben?

a) Infolge langer und häufiger Zwingerhaltungen können Hunde aggressiv werden und vermehrt bellen.

b) Infolge langer und häufiger Zwingerhaltungen können Hunde Defizite im Sozialverhalten gegenüber Artgenossen und Menschen zeigen.

c) Durch lange und häufige Zwingerhaltungen können Hunde gut lernen, alleine zu bleiben.

d) Konsequenzen langer und häufiger Zwingerhaltungen auf die Wesensentwicklung von Welpen sind wissenschaftlich nicht nachgewiesen.

Frage 3: Welche Maßnahme eignet sich nicht dafür, einen Welpen stubenrein zu bekommen?

a) Wenn dem Welpen ein Malheur passiert ist, sollte man ihn mit seiner Nase reinstupsen.

b) Wenn dem Welpen ein Malheur passiert ist, sollte man ihn überschwänglich loben.

c) Nachdem der Welpe geschlafen hat, sollte man ihm umgehend die Möglichkeit geben, sich zu lösen.

d) Man sollte dem Welpen nach Möglichkeit immer denselben Platz zum Lösen anbieten.

Frage 4: Wie lange dauert die Tragzeit der Mutterhündin?
a) 32 bis 42 Tage
b) 45 bis 55 Tage
c) 58 bis 68 Tage
d) 65 bis 75 Tage

Frage 5: Was ist in den ersten zwei Lebenswochen die Hauptbeschäftigung von Welpen?
a) Schlafen und Spielen
b) Urinieren und Koten
c) Säugen und Schlafen
d) Spielen und Säugen

Frage 6: Wann öffnen Welpen zum ersten Mal ihre Augen?
a) nach 5 bis 6 Tagen
b) nach 12 bis 13 Tagen
c) nach 17 bis 18 Tagen
d) nach 24 bis 25 Tagen

Frage 7: Ab welchem Alter sind Welpen für soziale Eindrücke und Umweltreize besonders empfänglich?
a) 4. bis 12. Lebenswoche
b) 16. bis 22. Lebenswoche
c) 5. bis 6. Monat
d) ab 12 Monaten

Frage 8: Wenn Welpen abgegeben werden, müssen sie unbedingt ...
a) stubenrein sein.
b) leinenführig sein.
c) kastriert bzw. sterilisiert sein.
d) geimpft und mehrmals entwurmt sein.

Frage 9: Welche Aussage entspricht nicht der Wahrheit?

a) Aggressive Verhaltensweisen seitens der Mutterhündin treten primär in den ersten 21 Tagen der Welpenzucht auf.

b) Aggressive Verhaltensweisen sind ganz normale Reaktionen bei Hunden.

c) Überaggressive Verhaltensweisen lassen sich durch eine gute Ausbildung kontrollieren.

d) Überaggressive Verhaltensweisen sind überhaupt nicht beeinflussbar.

Frage 10: Welche Aussage entspricht der Wahrheit?

a) Einige Hunderassen werden kinderlieb geboren.

b) Alle Hunderassen werden kinderlieb geboren.

c) Welpen müssen schon früh auf Kinder sozialisiert werden.

d) Kleine Hunderassen sind aufgrund ihrer Größe für Kinder optimal geeignet.

Frage 11: Wie alt sollten Welpen sein, bevor der Züchter sie abgibt?

a) mindestens 4 Wochen

b) mindestens 8 Wochen

c) mindestens 12 Wochen

d) höchstens 16 Wochen

Frage 12: Durch welche Dinge zeichnet sich eine gute Aufzucht beim Züchter aus?

a) Um möglichst keine Krankheitserreger sowie Keime einzuschleppen, dürfen Besucher frühestens zur Abholung des Welpen zum Züchter kommen.

b) Ab der vierten Woche, sobald die Welpen feste Nahrung zu sich nehmen, wird die Hündin immer von den Welpen getrennt gehalten, um diese nicht zu verletzen.

c) In der siebten und achten Woche fährt der Züchter mit den Welpen auf Aufstellungen, um sie an den dort herrschenden Trubel zu gewöhnen.

d) Es gibt einen anregenden Spielbereich, den die Welpen zur Verfügung haben. In diesem können sie viele verschiedene Reize kennenlernen. Außerdem dürfen sie zu vielen verschiedenen Menschen Kontakt haben und sich im Garten austoben.

Frage 13: Warum sind ausgerechnet die ersten drei Lebensmonate eines Hundes so wichtig?

a) Die ersten drei Lebensmonate eines Hundes sind so wichtig, weil Hunde während dieser Zeit zum ersten Mal ihre Augen öffnen, zu laufen beginnen und in der Regel stubenrein werden.

b) Die ersten drei Lebensmonate eines Hundes sind so wichtig, weil Hunde während dieser Zeit Erfahrungen sammeln, die in ihrer Zukunft als Vergleichsmaßstab dienen, und da sich ihr Gehirn während dieser Zeit besonders schnell entwickelt.

c) Hunde binden sich in den ersten drei Lebensmonaten unwiederbringlich an ihre Halter.

d) Die ersten drei Lebensmonate eines Hundes sind gar nicht so wichtig, da Hunde alle wichtigen Erfahrungen auch zu einem späteren Zeitpunkt ihres Lebens machen können.

Frage 14: Welche Dinge sollte der Welpe in seinen ersten Wochen beim neuen Besitzer kennenlernen?

a) Der Kontakt zu fremden Menschen sollte in den ersten Wochen gemieden werden, damit sich der Welpe so intensiv wie möglich an seinen neuen Besitzer binden kann.

b) Der Welpe sollte so oft es geht bei Bekannten und Freunden über Nacht bleiben, um viele verschiedene Personen kennenzulernen und um sich gut zu sozialisieren.

c) Der Welpe hat bei einem guten Züchter bereits alle nötigen Reize kennengelernt.

d) Der Welpe sollte viele verschiedene Menschen sowie alle wichtigen Reize der Umgebung kennenlernen. Allerdings muss dieser Vorgang immer individuell angepasst werden, damit der Welpe die Reize auch adäquat verarbeiten kann.

Frage 15: Können Welpen Schäden davon tragen, wenn sie in ihrer Welpenzeit mit sehr vielen Reizen konfrontiert werden?

a) Ja, deshalb darf ein Welpe höchstens einen neuen Reiz pro Tag kennenlernen.

b) Ja, deshalb muss ein Welpe immer ausreichend Zeit zur Verarbeitung der Reize bekommen. Ein Überangebot an Reizen kann dazu führen, dass der Welpe schreckhafte Verhaltensweisen entwickelt.

c) Nein, da der Welpe in der Welpenzeit möglichst alle Reize, mit denen er im Laufe seines Lebens konfrontiert wird, kennenlernen muss.

d)Nein, denn je mehr Reize der Welpe kennenlernt, desto sicherer wird er bezüglich der Reize in der Umwelt.

Frage 16: Was versteht man unter dem Terminus „Welpenschutz"?

a) Welpen sind vor den Bissen erwachsener Hunde geschützt.
b) Die Mutterhündin würde ihre Welpen niemals im Stich lassen.
c) Welpen dürfen alles tun, was sie möchten.
d)Es gibt keinen „Welpenschutz", da der Welpe durch angemessenes, unterwürfiges sowie beschwichtigendes Verhalten „geschützt" wird.

Frage 17: In welchem Alter sollte ein Welpe in eine Welpenspielgruppe gehen?

a) Nicht vor dem sechsten Lebensmonat.
b) Solange der Welpe mit mindestens einem anderen Hund am Tag Kontakt hat, muss er keine Welpenspielgruppe besuchen, da er durch den Umgang mit dem anderen Hund alles Wichtige lernt.
c) So früh wie möglich, was – je nach Ausrichtung der Gruppe – bereits in einem Alter von sechs oder acht Wochen sein kann.
d)Gar nicht, weil Welpen durch das lange und grobe Spielen in der Welpenspielgruppe Gelenkschäden davontragen.

Basiswissen 3 – Lerntheorie & Verhalten

Wir können das Verhalten von Hunden besser verstehen, einordnen und auch verändern – sofern wir es denn wollen –, sobald wir verstehen, wie Hunde bestimmte Dinge lernen, und wenn wir ein Bewusstsein dafür entwickeln, dass unsere Hunde sowohl positive als auch negative Emotionen beim Lernen begleiten. Dabei sind die Lerngesetze von Hunden immer dieselben – ganz gleich, welcher Rasse der Hund angehört, wie alt dieser ist oder welches Trainingslevel er beherrscht.

Mit dem Begriff der **Lerntheorie** werden wissenschaftlich erforschte, biologische Lernvorgänge im Gehirn beschrieben. Die Lerntheorie bildet hierbei die Grundlage für modernes und artgerechtes Hundetraining, ist jedoch nicht nur auf Hunde beschränkt, sondern kann auch auf viele weitere Tierarten sowie auf uns Menschen übertragen werden.

Im lernpsychologischen Kontext wird das Lernen als ein Erfahrungsprozess aufgefasst, der zu einer permanenten Verhaltensänderung führt. Damit zielt das Lernen also auf die Optimierung des eigenen, individuellen Zustands ab. Dabei gibt es eine Vielzahl an unterschiedlichen Lernformen. Auf jede einzelne Form des Lernens einzugehen, würde jedoch den Rahmen dieses Buches sprengen, weshalb der Fokus im Folgenden auf denjenigen Lernformen liegen wird, die für den Alltag und das Zusammenleben mit einem Hund sowie das spezifische Training für Hunde sinnvoll ist. Hierzu zählen:

1. Das **Nicht-assoziative** Lernen: Habituation und Sensibilisierung
2. Das Lernen über **Assoziationen**: klassische und operante Konditionierung
3. **Positive** und **negative Verstärker**: Lob und Strafe
4. Positive **Belohnungsarten**

Damit ein Lernprozess beim Hund jedoch überhaupt erst stattfinden kann, müssen einige Grundvoraussetzungen gegeben sein:

- Hunde brauchen die richtige Lernatmosphäre und einen Wohlfühlfaktor.
- Ihre Stimmung sollte stets entspannt und fröhlich sein und sie müssen sich sicher fühlen.
- Negative Emotionen sollten gänzlich vermieden werden, da Hunde unter diesen Bedingungen nur kaum oder gar nicht lernen können.
- Ablenkungen und potentielle Störquellen sollten entfernt werden, damit sich der Hund vollkommen konzentrieren kann.
- Auch das körperliche Wohlbefinden der Vierbeiner spielt eine wesentliche Rolle, weshalb die Hunde weder krank sein noch Schmerzen verspüren sollten.
- Der Hund muss motiviert sein, denn unmotivierte Hunde lassen sich nicht trainieren.

HABITUATION & SENSITIVIERUNG

Eine der einfachsten Formen des Lernens ist die Fähigkeit, auf einen wiederholt auftretenden Reiz zum einen **unbewusst** mit einer Änderung des Verhaltens oder zum anderen **adaptiv**, also anpassend, zu reagieren. Diese Reaktion kann zum einen durch Abnahme (**Habituation**) oder zum anderen durch Zunahme (**Sensitivierung**) der Reaktionsstärke geschehen. In jedem Fall laufen beide Reaktionen unbewusst ab.

Habituation

Habituation bzw. Gewöhnung bedeutet, dass sich ein Lebewesen an einen Reiz aus seiner Umwelt gewöhnt.

Eine Habituation findet grundsätzlich ohne Bewusstseinsbeteiligung statt. Darüber hinaus kann die Habituation als eine sinnvolle Anpassung vom Organismus verstanden werden, damit dieser, aufgrund von permanenten Reaktionen auf irrelevante Reize in der Umwelt, nicht unnötig Zeit und Energie verbrauchen muss. Daraus ergibt sich, dass ein bestimmter Reiz X an Bedeutung *verliert*.

Reiz (X) < n

Beispiel: Hunde können sich zum Beispiel an den Verkehr auf der Straße gewöhnen, sodass sie eines Tages kaum oder womöglich überhaupt nicht mehr darauf reagieren. Demnach sind vorbeifahrende Autos, Busse, Motorräder oder Fahrräder für sie nicht mehr von Bedeutung.

Sensitivierung

Sensitivierung oder auch Sensibilisierung ist das Gegenteil der Habituation und beschreibt die Zunahme der Stärke von einer Reaktion auf einen gewissen Reiz.

Eine Sensitivierung bedeutet, dass der Hund zunehmend intensiver und empfindlicher auf einen bestimmten Reiz reagiert. Die Sensitivierung tritt vor allem im Zusammenhang mit dem Gefühl der Furcht besonders schnell und sehr häufig ein. Dazu kommt, dass es bei einer Sensibilisierung sehr schnell zu einer Generalisierung kommen kann. Daraus ergibt sich, dass ein bestimmter Reiz X an Bedeutung *gewinnt*.

Reiz (X) > n

Beispiel: Wenn ein Hund zum Beispiel Angst vor einem Gewitter hat, kann sich diese Angst im Laufe der Zeit noch weiter steigern. Dann gerät der Hund bereits beim Auftreten eines Wetterwechsels und dem Erscheinen von Gewitterwolken am Himmel in Erregung und bringt seine Furcht in Form von ängstlichem Verhalten zum Ausdruck. Das kann sogar dazu führen, dass sich der Hund in Zukunft gänzlich weigert, seinen Schutz, also sein Zuhause, zu verlassen, obwohl es noch gar nicht zu gewittern begonnen hat.

Ein weiteres Beispiel der Sensitivierung im Zusammenhang mit der Generalisierung ist unter anderem, dass ein Hund, der sich zunächst nur vor Schussgeräuschen gefürchtet hat, mit der Zeit auch Angst vor Gewitter, Feuerwerk und anderen lauten Geräuschen entwickelt. Diese Generalisierung kann dazu führen, dass der Hund aufgrund eines einfachen Türknallens in Panik ausbrechen kann.

KLASSISCHE & OPERANTE KONDITIONIERUNG

Die zweite Säule der Lerntheorie ist das Lernen über Assoziationen (Verknüpfungen), das in die folgenden zwei Komponenten eingeteilt wird:

- die **klassische** Konditionierung nach Pawlow
- die **operante** bzw. **instrumentelle** Konditionierung nach Thorndike/Skinner

Die klassische Konditionierung

Die klassische Konditionierung beschreibt den Lernprozess, der sich aufgrund einer Verknüpfung einer vorherigen Umweltbedingung mit einer anschließenden unbedingten Reaktion des Organismus auf einen bestimmten Reiz entwickelt.

Der Hund koppelt bei der klassischen Konditionierung einen Reiz, der für ihn bislang neutral und dementsprechend unbedeutend war, ganz **unbewusst** mit einem Reiz, der automatisch eine Reaktion (Reflex) bei ihm auslöst. Außerdem ist die zeitliche Komponente bei der klassischen Konditionierung von elementarer Bedeutung. Wenn zwei Reize miteinander verknüpft werden sollen, muss diese Verflechtung innerhalb von **0.5 bis 1 Sekunde** erfolgen, da ansonsten im besten Fall nur eine sehr schwache Verknüpfung hergestellt werden kann. In der Regel bleibt diese jedoch gänzlich aus. Bei der klassischen Konditionierung denkt der Hund also weder über das, was er gerade lernt, nach noch kann er irgendetwas dagegen tun – der Lernprozess geschieht einfach.

Beispiel: Nehmen wir an, Sie möchten, dass Ihrem Hund das Wasser im Mund zusammenläuft, sobald er den Ton einer Glocke hört. Aus Erfahrung wissen wir, dass Hunde automatisch vermehrt Speichelfluss produzieren, wenn ihnen Futter vor die Nase gehalten wird. Hierbei spricht man von einer nicht willentlich steuerbaren, unbedingten Reaktion bzw. einem Reflex. Die Frage, die sich nun stellt, ist, ob der Hund auch eine Verknüpfung zwischen seinem Futter und dem vorausgehenden Glockenton herstellen wird. Der Glockenton ist für den Hund zunächst bedeutungslos und damit ein neutraler Reiz. Insofern der Glockenton dem Hund jedoch in Kombination mit seinem Futter innerhalb der zeitlichen Komponente von 0.5 bis 1 Sekunde mehrmals präsentiert wird, stellt der Hund die Verknüpfung ganz unbewusst selbst her. Dadurch wandelt sich der bislang neutrale Reiz (der Glockenton) in einen konditionierten Reiz um, sodass der

Glockenton fortan den Reflex des Speichelns beim Hund auslöst. Diesen kann er, genauso wie alle anderen unbedingten Reaktionen, nicht willentlich selbst steuern. Grundsätzlich kann jede emotionale Reaktion, ganz gleich, ob positiv oder negativ, klassisch konditioniert werden. Denn ein Organismus hat in der klassischen Konditionierung weder über den Reiz noch über seine Reaktion Kontrolle. Aus diesem Grund ist die klassische Konditionierung auch nicht nur beim Hundetraining, sondern beispielsweise auch in der Verhaltenstherapie von zentraler Bedeutung. Und weil Hunde permanent lernen, sind sie auch den ganzen Tag über in der Lage, derartige Verknüpfungen herzustellen.

Die operante Konditionierung

Bei der operanten Konditionierung, die oftmals unter der Bezeichnung **instrumentelle** Konditionierung bekannt ist, spricht man häufig auch vom Lernen am Erfolg bzw. dem Versuch und dem Irrtum.

Der Lernmechanismus bei der operanten Konditionierung ist der gleiche wie bei der klassischen Konditionierung, wobei sich bei ersterem alles um das bewusste Handeln bzw. Verhalten des Hundes dreht. Im Konkreten geht es bei der operanten Konditionierung darum, wie man einen Hund dazu motivieren kann, dass er ein bestimmtes, angestrebtes Verhalten bewusst zeigt bzw. nicht zeigt.

Während des Lernprozesses der instrumentellen Konditionierung lernen Hunde neue Verhaltensweisen bewusst durch die Konsequenzen kennen, die auf das jeweilige Verhalten folgen. Dabei stehen also die Konsequenzen, die innerhalb von 0.5 bis 1 Sekunde auf das gezeigte Verhalten folgen, im Mittelpunkt der Aufmerksamkeit. Demnach lernen Hunde anhand der **Folgen ihres eigenen Verhaltens**. Hunde zeigen ein Verhalten umso öfter, je mehr dieses innerhalb von 0.5 bis 1 Sekunde durch eine angenehme und positive Konsequenz verstärkt wurde. Dabei ist das dem Verhalten Vorangegangene, zum Beispiel ein hörbares Signal, in der operanten Konditionierung von weitaus geringerer Bedeutung als die Konsequenz, die im Anschluss an das Verhalten folgt.

Beispiel: Nehmen wir an, Sie versuchen sich gerade daran, Ihrem Hund das Kommando „Sitz" beizubringen und Ihr Hund setzt sich auf einmal ganz spontan von selbst hin. Auf sein spontan gezeigtes Verhalten geben Sie Ihrem Hund nun innerhalb von 0.5 bis 1 Sekunde eine Belohnung, zum Beispiel ein Leckerli, um sein von sich aus angebotenes Verhalten („Sitz") als Konsequenz positiv zu verstärken. Aufgrund dieser positiven Konsequenz wird er sein Verhalten auch zukünftig öfter zeigen.

Anschließend möchten Sie, dass Ihr Hund Sie während des Spazierens häufiger anschaut. Deshalb konzentrieren Sie sich fortlaufend darauf, dass Sie jeden Blickkontakt Ihres Hundes binnen 0.5 bis 1 Sekunde belohnen, womit Sie sein Verhalten (das Suchen des Blickkontaktes) positiv verstärken. Darüber hinaus lässt sich die operante Konditionierung auch auf den Rückruf übertragen. Für sein Kommen belohnen Sie Ihren Hund innerhalb von 0.5 bis 1 Sekunde mit einem Leckerli oder seinem liebsten Spielzeug. Das führt dazu, dass die Belohnung bzw. die Konsequenz, die Sie Ihrem Hund aufgrund seines Verhaltens zukommen lassen, Ihren Hund auch in Zukunft motiviert, Ihre Rückrufe zu befolgen. Insofern die Belohnung aus Sicht Ihres Hundes hervorragend war, ist es durchaus möglich, dass Ihr Hund sogar noch schneller zu Ihnen zurückkommt.

Die Löschung bzw. die Extinktion

In vielen Fällen wird eine einst erlernte Verhaltensweise, die nicht aufgefrischt wird, wieder vergessen oder gelöscht. Das bedeutet jedoch keinesfalls, dass das erlernte Verhalten vollständig aus dem Gehirn des Hundes gelöscht wird. Vielmehr bedeutet es, dass die Wahrscheinlichkeit, dass die erlernten Verhaltensweisen zuverlässig vom Hund gezeigt werden, stetig abnehmen, wobei das sowohl für die klassische als auch die operante Konditionierung gilt.

Klassische Konditionierungen können gelöscht werden, indem der zeitliche Abstand zwischen den Reizen, die klassisch konditioniert wurden, vergrößert wird. So produziert ein Hund nach dem Läuten einer Glocke womöglich vermehrt Speichel, da dieser darauf konditioniert wurde, dass unmittelbar nach dem Glockenton das Futter folgt. Nichtsdestotrotz lässt das Speicheln auch wieder nach, wenn die Futterabgabe entweder verzögert oder gar nicht mehr auf das Ertönen einer Glocke folgt, da sich die klassische Konditionierung somit selbst aufhebt.

Auch bei der operanten Konditionierung kann das erlernte Verhalten gelöscht werden, wenn auf das durch die operante Konditionierung erlernte Verhalten keinerlei Konsequenz mehr folgt. So folgt beim Rückruftraining auf das Kommen des Hundes in der Regel immer eine ausgiebige Belohnung. Diese Belohnung, also die positive Konsequenz auf das Verhalten des Hundes durch den Halter, wird später in der Regel jedoch vernachlässigt. Dadurch ist der Hund viel weniger motiviert, dem Rückruf seines Besitzers zu gehorchen, und schnüffelt stattdessen lieber noch ein wenig an anderen Dingen, die auf ihn wesentlich attraktiver und damit auch belohnender erscheinen.

LOB & STRAFE

Positive und negative Verstärker

Hunde lernen also an den Folgen bzw. an den Verstärkern ihrer Verhaltensweisen. Für den Hund können diese entweder **angenehm** sein und damit einen **belohnenden Charakter** haben oder **unangenehm** sein und damit einen **bestrafenden Charakter** haben. Angenehme Folgen führen dazu, dass bestimmte Verhaltensweisen vom Hund öfter gezeigt werden, wohingegen unangenehme Folgen dazu führen, dass Hunde bestimmte Verhaltensweisen seltener zeigen.

Um das Thema der positiven und negativen Verstärker anschaulicher zu machen, werden Belohnung und Strafe zunächst jeweils in positiv und negativ eingeteilt. Daraus ergeben sich in der Summe vier unterschiedliche Verstärkertypen, die ein bestimmtes Verhalten des Hundes entweder wahrscheinlicher oder aber unwahrscheinlicher machen.

Es gibt einige unterschiedliche Wege, um Hunden etwas beizubringen oder aber ihnen etwas abzugewöhnen. Da wir zu unserem Hund jedoch eine liebevolle, faire, partnerschaftliche und langfristige Bindung aufbauen möchten, müssen wir uns immer gut überlegen, auf welche Art und Weise wir mit ihm interagieren wollen.

Belohnung und Strafe:

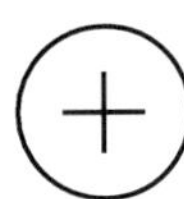 **Positive Belohnung** • Hinzufügen von etwas Angenehmem • Verhalten nimmt zu • Emotion: Freude • Beispiel: Setzt sich der Hund bei dem Kommando „Sitz" hin, bekommt er ein Leckerli	**Negative Belohnung** 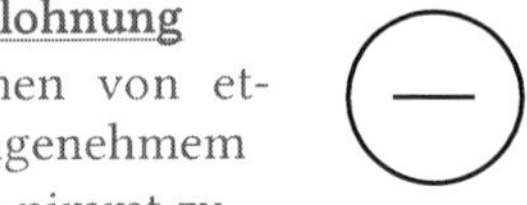 • Wegnehmen von etwas Unangenehmem 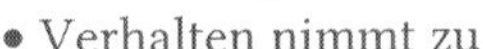 • Verhalten nimmt zu • Emotion: Erleichterung • Beispiel: Sobald sich der Hund ruhig hinsetzt, wird kein Druck mehr auf das Gesäß des Hundes ausgeübt 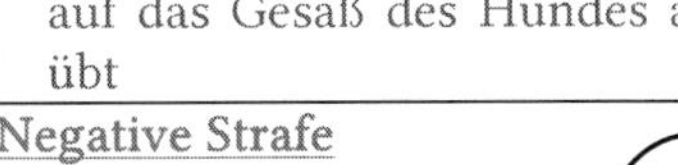
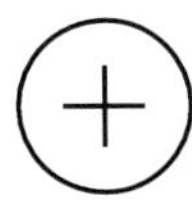 **Positive Strafe** • Hinzufügen von etwas Unangenehmem • Verhalten nimmt ab • Emotion: Furcht, Schmerz, Unsicherheit • Beispiel: Bis sich der Hund hinsetzt, beugen wir uns über ihn und schreien ihn an	**Negative Strafe** 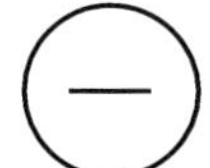 • Wegnehmen von etwas Angenehmem  • Verhalten nimmt ab • Emotion: Frustration, Enttäuschung • Beispiel: Wenn der Hund permanent an seinem Besitzer hochspringt, bekommt er so lange keine Aufmerksamkeit mehr von ihm, bis er sich ruhig hinsetzt

Wichtig ist, dass die Adjektive positiv und negativ an dieser Stelle nicht mit gut und schlecht gleichgesetzt werden, sondern viel eher aus einer mathematischen Perspektive heraus betrachtet werden sollten:

- positiv -> etwas hinzufügen
- negativ -> etwas wegnehmen

Aus der Sicht des Hundes handelt es sich bei der **positiven Belohnung** um belohnende Reize, zu denen beispielsweise das Lieblingsspielzeug, das Spielen mit dem Hundefreund oder dem Besitzer, die Futtergabe oder das Nachschwimmen nach Enten zählt. Belohnende Reize treten dabei in zwei unterschiedlichen Varianten auf. Zu den **primären Verstärkern** zählen all die Lebensgrundbedürfnisse, die der Hund braucht, und all das, was für ihn bereits von Grund auf einen belohnenden Charakter hat – wie Futter, Schlafen, Spielen, Rennen, Wasser oder einen Sexualpartner. Zu den **sekundären Verstärkern** zählen auf der anderen Seite zum Beispiel das Trainingswerkzeug oder ein durch Kondition antrainiertes Lobwort. Sowohl das Trainingswerkzeug als auch das Lobwort sind sogenannte **Markersignale**. Markersignale werden klassisch aufkonditioniert und kündigen dem Hund einen primären Verstärker und damit eine natürliche Belohnung an, zum Beispiel: „Das hast du so toll gemacht, jetzt folgt deine Belohnung." Im Hundetraining sowie im allgemeinen Tiertraining werden sekundäre Verstärker auf der ganzen Welt mit großem Erfolg eingesetzt, da sie es uns ermöglichen, das Verhalten, das wir uns von unserem Hund wünschen, punktgenau zu markieren und damit zu belohnen.

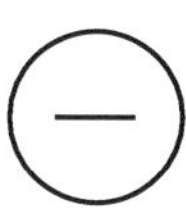

Im Gegensatz zur positiven Belohnung handelt es sich bei der **negativen Belohnung** aus Sicht des Hundes um unangenehme Reize. Diese wirken auf den Hund ein und führen bei deren Entfernung zu Erleichterung. Damit etwas Unangenehmes jedoch überhaupt erst entfernt werden kann, muss der Hund zuallererst in eine Situation gebracht werden, die für ihn unangenehm ist. Nachdem der Hund fortlaufend in Situationen versetzt wurde, in denen er sich nicht gut fühlt, wird sich irgendwann das Gefühl der Erleichterung als Belohnung einstellen. Da der Wohlfühlfaktor jedoch ein wichtiges Kriterium für das erfolgreiche Hundetraining ist, können Hunde durch die negative Belohnung nicht optimal lernen, da dieser hierbei nicht gegeben ist. Möchten wir dem Hund zum Beispiel das Grundkommando „Sitz" beibringen, können wir ihn durch Schieben und Drücken dazu drängen, Sitz zu machen. Der Hund wird sich daraufhin setzen, um dem für ihn unangenehmen Druck zu entfliehen. Nachdem wir den Druck dann wieder entfernen, wird der Hund das Gefühl einer Erleichterung verspüren.

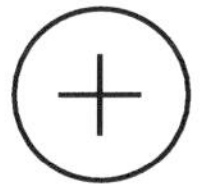

Die **positive Strafe** ruft beim Hund, je nach Anwendung, unangenehme Gefühle wie Angst, Unsicherheit oder sogar Schmerz hervor. Im Kontext positiver Strafen sollten wir immer im Hinterkopf behalten, dass das Gefühl von Sicherheit, ein niedriges Stresslevel oder etwa der Wohlfühlfaktor wichtige Voraussetzungen sind, damit Hunde überhaupt lernen können. Sobald wir also mit Bestrafungen arbeiten, können wir diese Voraussetzungen gar nicht gewährleisten, wodurch es zu Lernblockaden kommen kann. Darüber hinaus liegt ein anderes Problem der positiven Strafe darin, dass das richtige Strafen und ihre korrekte Anwendung viel schwieriger ist, als man denkt. Grundsätzlich gibt es vier Regeln der positiven Strafe, die alle gemeinsam und gleichzeitig gelingen müssen, damit der Hund die Strafe überhaupt erst versteht, sie mit der richtigen Handlung nachhaltig verknüpft und diese auch gelingen kann. Die vier Regeln der positiven Strafe sind:

1. Die Strafe muss innerhalb von **0.5 bis 1 Sekunde** erfolgen, damit der Hund zwischen der Strafe und dem unerwünschten Verhalten eine Verknüpfung herstellen

kann. Erfolgt die positive Strafe entweder zu früh oder zu spät, können fehlerhafte Verknüpfungen die Folge sein, woraus zusätzliche und womöglich sogar noch größere Probleme entstehen können.
2. Damit das Verhalten des Hundes nachhaltig und zuverlässig unterbunden werden kann, muss die positive Strafe **stark** genug sein.
3. Jedes Mal, wenn der Hund das bestimmte Verhalten zeigt, **muss** die positive Strafe **erfolgen**.
4. Die positive Strafe darf einzig und allein mit diesem **unerwünschten Verhalten** verbunden werden und darf nicht mit anderen Personen oder Dingen verknüpft werden.

Die vier Regeln der positiven Strafe zeigen, wie schwer ihre richtige Anwendung ist. Zudem ist das Risiko für potentielle Fehler und damit für zusätzliche Probleme sehr hoch. Außerdem führt die positive Strafe grundsätzlich nie zur Lösung eines Problems, sondern lediglich zur Unterdrückung dessen sowie zur Aufstauung der Gefühle. Denn beim Hund verändert sie nicht die grundlegende Motivation bzw. die Ursache selbst, die einem bestimmten Verhalten zugrunde liegt. Darüber hinaus lernen Hunde durch Strafe nur das, was sie nicht tun sollen, erfahren jedoch nicht, was an Stelle dessen von ihnen erwartet wird. Nicht vergessen werden sollte außerdem, dass man sich bei der Anwendung der positiven Strafe relativ schnell im Bereich der Tierschutzwidrigkeit wiederfindet. Denn jegliche Erziehungsmaßnahme, die dem Hund entweder psychische und/oder physische Schmerzen bereitet oder ihn verängstigt, ist tierschutzwidrig.

Zumeist löst die positive Strafe eine negative emotionale Reaktion aus, die der Hund leicht auf andere Menschen oder Situationen übertragen kann. Dabei können einige Dinge schiefgehen, zum Beispiel wird ...

- die Beziehung zwischen Mensch und Hund belastet.
- Resignation bewirkt.
- eine gesteigerte Ängstlichkeit beim Hund erzeugt.
- das Risiko eingegangen, dass der Hund unter chronischen psychosomatischen Erkrankungen leidet.
- verhindert, dass der Hund seine Bedürfnisse entweder nicht mitteilen oder aber nicht durchsetzen kann.
- gefördert, dass der Hund durch aggressive Vorbilder (uns) lernt, auf die Umwelt selbst aggressiv einzuwirken.

Alles in allem sollte die positive Strafe also keine Strategie sein, auf die wir zurückgreifen sollten, um Probleme zu lösen oder uns bei der Hundeerziehung zu helfen. Zum Glück gibt es jedoch zahlreiche clevere Strategien, um Probleme auch ohne die positive Strafe zu lösen.

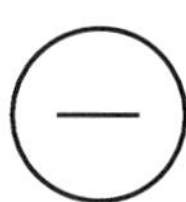

Obgleich die **negative Strafe** ebenso eine Bestrafung ist, macht sie dem Hund weder Angst noch fügt sie ihm Schmerzen zu. Vielmehr ruft die negative Strafe beim Hund Gefühle wie Enttäuschung oder gar Frustration hervor, indem wir dem Hund einen positiven und sehr ersehnten Reiz (Futter, Aufmerksamkeit, Spielzeug) entweder entziehen oder ihm diesen nicht geben, insofern er unerwünschtes Verhalten an den Tag legt. Wenn ein Hund beispielsweise an seinem Besitzer hochspringt, fordert er mit diesem Verhalten seine Aufmerksamkeit. Wendet sich der Besitzer in genau dem Moment, in dem der Hund an ihm hochspringt, von ihm ab und ignoriert ihn dabei, zum Beispiel durch Nicht-Anschauen, straft er seinen Hund somit negativ. Sobald sich der Hund dann ruhig verhält und sich beispielsweise hinsetzt, kann ihn sein Halter durch sofortige Aufmerksamkeit positiv belohnen. Damit kann er seinem Vierbeiner ganz klar mitteilen, dass sein Verhalten des an ihm Hochspringens nicht lohnenswert ist, sich hinzusetzen dagegen schon.

Jedes Mal, wenn wir darüber nachdenken, die negative Strafe anzuwenden, müssen wir beachten, dass wir den Hund bei Anwendung sofort über die operante Konditionierung belohnen, wenn er eine von uns gewünschte Verhaltensweise zeigt. Auch bei der negativen Strafe gilt wieder, dass das richtige Timing elementar ist, damit der Hund verstehen kann, was wir uns von ihm wünschen – und zwar, dass sich bestimmte Verhaltensweisen lohnen und andere hingegen nicht.

Zusammenfassend lässt sich sagen, dass sich sowohl die positive Belohnung als auch die negative Strafe sehr gut für eine stabile und positive Hundeerziehung eignen. Im Gegensatz dazu sind die positive Strafe und die negative Belohnung eher ungeeignet.

Positive Belohnungsarten

Wenn Hunde sprechen könnten, würden sie wahrscheinlich die verschiedensten Antworten auf die Frage danach geben, was für sie eine hochwertig positive Belohnung in entsprechenden Situationen wäre. Denn was für den einen Hund einen besonders belohnenden Charakter hat, kann für einen anderen Hund etwas ganz anderes sein. So ist die beste Belohnung für einen Hund immer genau das, was er in diesem Moment am allerliebsten tun oder haben möchte. Das kann zum Beispiel Folgendes sein:

- Aufmerksamkeit und Zuwendung
- Futter, Leckerlis und Wasser
- Spielzeug
- Hundefreunde
- Sexualpartner
- Streicheleinheiten
- Rennen und Toben
- Wälzen
- Zerfetzen
- Jagen
- Schlafen
- Schatten
- Schnüffeln

Dabei hat jeder Hund seine ganz eigene Liste, die voll von positiven Belohnungsarten ist. Wenn wir wissen, wie diese bei unserem Hund aussieht, können wir das Training mit unserem Vierbeiner optimieren.

Grundsätzlich entscheidet jeder Hund selbst darüber, welche Qualität er einer Belohnung zuspricht. So hat bereits das tägliche Futter für den einen Hund eine hohe Belohnungsqualität, wohingegen Dinge wie Wurst oder etwa Streicheleinheiten von einem anderen Hund als qualitativ höher eingestuft werden. Den Wert einer Belohnung können wir immer dann erkennen, wenn ein Hund eine bestimmte Belohnung in einer gewissen Situation gegenüber einer anderen vorzieht. Das lässt sich ganz einfach testen, indem man seinem Hund beispielsweise zwei unterschiedliche Futtersorten auf einmal anbietet und abwartet und beobachtet, welches davon er zuerst frisst und somit bevorzugt.

Hunde sollten immer entsprechend ihrer Leistung belohnt werden. Dementsprechend sollten sie besonders hochwertig belohnt werden, wenn sie besonders gute Leistungen erbringen. Tendiert der Hund zum Beispiel dazu, ständig wie im Rausch verschiedenen Katzen hinterherzujagen, sodass man ihn dann auch nicht davon abhalten kann, sollten wir ihn großzügig mit seinen liebsten Leckerlis belohnen, wenn es uns dann doch gelingt, ihn zurückzurufen. Ist der Hund jedoch beispielsweise bereits daran gewöhnt, sich ruhig neben das Auto zu setzen und zu warten, bis er einsteigen darf, reicht es, ihn entweder verbal oder mit einem Stück Futter zu belohnen. Wenn wir mit unserem Hund gerade das Kommando „Platz" üben, das ihm bislang noch unbekannt ist, sollten wir ihn bei erfolgreichem Gelingen auch mit seinen Lieblingsleckerlis belohnen, um ihn auch in Zukunft dazu zu motivieren, dieses Verhalten auszuführen.

Grundsätzlich liegt es in der Natur jeden Hundes, sich Ressourcen selbst zu erarbeiten. Futter ist eine solche Ressource, die Hunde brauchen, um zu überleben. Deshalb kann Futter als Belohnung im Hundetraining, insofern es lerntheoretisch korrekt angewendet wird, ein höchst effizientes und erfolgreiches Motivationsmittel sein. Damit die erwünschte Wirkung erzielt werden kann, müssen die Verstärker jedoch richtig eingesetzt werden. Hierbei helfen uns die sogenannten **Verstärkungspläne**. Darunter verstehen wir einerseits die **Quotenverstärkung** und andererseits die **Intervallverstärkung**. Beide Formen können entweder **konstant** (immer) oder **variabel** (intermittierend) eingesetzt werden. Bei der **kontinuierlichen/konstanten Verstärkung**, die auch als **Immerverstärkung** bezeichnet wird, wird jedes Eintreten des erwünschten Verhaltens verstärkt bzw. belohnt. Im Gegensatz dazu wird das gewünschte Verhalten bei der **variablen Verstärkung** nur gelegentlich verstärkt, wobei eine hohe Löschungsresistenz des einmal erlernten Verhaltens bewirkt wird. Selbst wenn ein Verhalten, das bereits gut erlernt ist, nur noch gelegentlich verstärkt wird, bleibt es trotzdem länger bestehen, als wenn jeder Verhaltensfall einzeln verstärkt werden würde.

	Quotenverstärkung	Intervallverstärkung
konstant	• feste und regelmäßige Verstärkung, die vom Verhalten abhängig ist • feste Anzahl: z. B. wird jedes 2. Verhalten verstärkt	• konstante und regelmäßige Verstärkung, die von der Zeit abhängig ist • feste Zeitpunkte: z. B. alle 5 Sekunden
variabel	• durchschnittliche Verstärkung, die vom Verhalten abhängig ist • unterschiedliche Anzahl: z. B. durchschnittlich jedes 8. Verhalten	• durchschnittliche Verstärkung, die von der Zeit abhängig ist • unterschiedliche Zeitpunkte: z. B. durchschnittlich alle 8 Sekunden

Nichtsdestotrotz gilt, dass die Befolgung von bereits bekannten, sehr wichtigen und zuverlässig befolgten Signalen immer hochwertig belohnt werden sollte. Denn wenn die Belohnung, die auf ein bestimmtes und von uns erwünschtes Verhalten folgt, irgendwann weggelassen wird, würde der Hund seine positive Erwartungshaltung und damit einhergehend auch seine Motivation verlieren.

Damit würde es sich für ihn nicht mehr lohnen, sein zuverlässiges Verhalten an den Tag zu legen. Die Folge: Das erwünschte Verhalten nimmt ab.

RUDELVERHALTEN MIT DEM MENSCHEN

Hunde sind wahre **Rudeltiere** und daher von Natur aus an **Rangordnungen** gewöhnt. Natürlich ist jeder Hund anders und besitzt seinen eigenen, ganz individuellen Charakter. Mögen die einen eher unterwürfige Züge aufweisen und sich vollkommen auf ihre Besitzer konzentrieren, gibt es auch andere Hunde, die sich permanent darin versuchen, innerhalb der Rangordnung einen höheren Platz zu erklimmen. Aus diesem Grund muss die Rangordnung für Ihren Hund innerhalb der Familie **eindeutig** und **klar** sein. Hunde sollten niemals die Möglichkeit haben, in dieser Ordnung aufzusteigen, und stets die **niedrigste Position** in der Rangordnung einnehmen.

In einem Rudel ist der Hund der Rudelführer, dem die meisten Privilegien zukommen. Grundsätzlich handelt es sich bei dem Rudelführer, entgegen vielfach verbreiteter Annahme, jedoch nicht um das stärkste, sondern vielmehr um das geeignetste Tier. Der Rudelführer bietet in der Summe den größten Vorteil für sein Rudel. Sobald die Strukturen eines Hunderudels auf die Rangordnung einer Familie übertragen werden, wird klar, dass der Besitzer der Rudelführer ist. Dafür benötigt er Selbstvertrauen und die Fähigkeit, seinen Hund leiten zu können. Es kann jedoch vorkommen, dass Hunde manchmal versuchen, einen höheren Rang innerhalb der Familie anzustreben. Hierfür gibt es einige Signale, die darauf hinweisen, dass Ihr Hund in der Rangordnung nach oben steigen möchte:

- Der Hund rennt andere Menschen um – vor allem kleine Kinder.
- Der Hund umklammert Ihr Bein bzw. Ihren Körper und zeigt damit dominantes Verhalten, das sofort unterbunden werden muss.
- Der Hund stellt sich über den Widerrist (Schulterhöhe) eines anderen Hundes oder legt seinen Kopf darauf ab.
- Der Hund packt von oben auf die Schnauze eines anderen Hundes und hält diese fest.

Es gibt eine Reihe von Grundregeln, die dabei helfen, eine gute Rangordnung innerhalb der Familie zu erstellen und zu verhindern, dass der Hund die Oberhand gewinnen möchte. Auf der einen Seite ist der Besitzer immer das ranghöchste Mitglied und sitzt deshalb auch auf hohen Plätzen, wie dem Bett oder der Couch.

Ihren Hund sollten Sie von diesen Plätzen fernhalten. Natürlich gibt es auch viele Halter, die Ihren Hund mit auf das Sofa lassen, und auch einige Hunde, die keinen höheren Platz einnehmen, sondern einfach nur mit auf der Couch liegen wollen. Daher liegt es vollständig in Ihren Händen, wie Sie damit umgehen möchten.

Auf der anderen Seite ist Ihr Hund kein Türsteher und es gibt einige Orte zu Hause, an denen er nicht liegen sollte. Beispielsweise ist das Liegen neben der Tür nicht empfehlenswert, da es dem Hund signalisiert, dass er derjenige ist, der das Zuhause beschützt. Darüber hinaus entscheiden Sie als Rudelführer, wo es langgeht, wenn Sie draußen einen Spaziergang machen. Zudem entscheiden auch Sie die Reihenfolge, in der zu Hause gegessen bzw. gefressen wird. Nachdem Sie fertig sind, können Sie auch Ihrem Hund sein Futter geben.

Die Themen Rangordnung und Rudelführung dürfen außerdem auch beim gemeinsamen Spielen nicht unberücksichtigt bleiben. So sollten Sie Ihren Hund niemals gewinnen lassen, weil Sie sonst Gefahr laufen, ihm zu zeigen, dass er stärker als Sie sei und damit einen höheren Rang innerhalb der Ordnung einnimmt. Beginnen, gewinnen und beenden Sie also jedes Spiel, das Sie mit ihrem Vierbeiner spielen. Sie bestimmen, wann das Spiel vorbei ist, und nicht Ihr Hund. Hierbei ist zudem wichtig, dass Sie Ihren Hund zu sich kommen lassen und nicht selbst immer zu ihm gehen. Ihr Hund benötigt Konsequenzen und das Wissen, dass er unter Ihnen steht.

Sollte die Rangordnung dann, aus der Perspektive Ihres Hundes, doch einmal gestört werden, müssen Sie diese wiederherstellen. Das ist nicht immer einfach und beansprucht viel Zeit. Wenn Ihr Welpe bei Ihnen einzieht, ist es daher ratsam, einen Welpenkurs zu besuchen, in dem sich Ihr Welpe an Kinder gewöhnen und darüber hinaus etwas über andere Hunde lernen kann. Währenddessen lernen auch Sie schnell, wie Sie potentielles Fehlverhalten Ihres Hundes korrigieren und ausbessern können. Sollte sich der gewünschte Erfolg nicht einstellen, ist es sinnvoll, einen Verhaltenstherapeuten aufzusuchen.

Wenn Ihr Hund in Ihnen jedoch wahre Führungsqualitäten sieht, wird er Sie als Rudelführer auch akzeptieren und respektieren. Seien Sie deshalb geduldig, glaubwürdig und authentisch. Bieten Sie Ihrem Hund Sicherheit, indem Sie auf sich und Ihr Umfeld achten und potentielle Gefahren schon sehen, bevor sie Ihr Hund entdeckt. Bleiben Sie ruhig, souverän, routiniert und schaffen Sie Klarheit. Wenn Sie positive Lösungen schaffen, werden Sie für Ihren Hund zum Vorbild. Zwingen Sie ihn jedoch niemals bzw. verlangen Sie nichts von ihm, was er nicht schaffen kann. Und ganz wichtig: Egal, was passiert, bleiben Sie immer ruhig. Nur, wenn Sie einen klaren und kühlen Kopf bewahren, können Sie auch

Entscheidungen treffen, die gut für Ihren Hund sind. Wenn Sie Ihrem Hund die Welt zeigen und ihm sein Leben so schön und artgerecht wie möglich machen, werden Sie der beste Rudelführer sein, den er sich nur wünschen könnte.

GRUNDKOMMANDOS

Blickkontakt

Obgleich der Blickkontakt zwischen Mensch und Hund etwas ganz Natürliches sein mag, lohnt es sich, den Blickkontakt Ihres Hundes in relevanten Situationen nicht dem Zufall zu überlassen. Denn in dem Moment, in dem unser Hund den Blickkontakt zu uns sucht, schenkt er uns seine uneingeschränkte Aufmerksamkeit und lernt, sich zu konzentrieren. Früher oder später wird der Hund beginnen, anhand von Blicken Fragen zu stellen. Wenn wir den Blickkontakt nun mit einem bestimmten Kommando verknüpfen, können wir die Aufmerksamkeit unseres Hundes im Alltagsstress immer dann einfordern, wenn wir seine Aufmerksamkeit wünschen. Letzten Endes stärkt der Blickkontakt zudem auch die Beziehung zwischen Mensch und Hund.

Durchführung: Nehmen Sie sich ein Leckerli zur Hand und zeigen Sie dieses Ihrem Hund für einen kurzen Moment. Anschließend verstecken Sie ein paar Belohnungshappen in beiden Händen. Nun heben Sie beide Arme seitlich von Ihrem Körper weg und geben dabei keinen einzigen Laut von sich. Warten Sie so lange, bis Ihr Hund den Blickkontakt zu Ihnen aufnimmt. Daraufhin belohnen Sie ihn sofort mit einem Leckerli – mal aus der rechten Hand und dann wieder aus der linken. Wahrscheinlich wird es eine Weile dauern, bis Ihr Hund bei der Übung das erste Mal den Blickkontakt sucht. Am besten verzichten sie bei den ersten Übungseinheiten vollständig auf Worte. Denn dann lernt Ihr Hund schneller, dass Blickkontakt super ist. Es gibt ja schließlich immer direkt eine Belohnung. In Zukunft können Sie die Belohnung dann schrittweise hinauszögern, um Ihrem Hund beizubringen, den Blickkontakt länger zu halten.

Sitz

Das Grundkommando „Sitz“ hat zum Ziel, den Hund in zahlreichen unterschiedlichen Alltagssituationen zu beruhigen.

Durchführung: Um Ihrem Hund das Kommando beizubringen, wählen Sie für die ersten Übungseinheiten am besten eine Umgebung aus, in der es so wenig Ablenkung wie möglich gibt und in der sich Ihr Hund wohl fühlt. Anschließend nehmen Sie sich ein Leckerli in die Hand und halten es etwas über den Kopf Ihres Hundes in die Luft. Dabei strecken Sie Ihren Zeigefinger und bewegen Ihre Hand ganz langsam nach oben. Damit Ihr Hund das ersehnte Leckerli nicht aus den Augen verliert, wird sein Blick Ihrer Hand folgen, wofür er seinen Kopf strecken muss und wodurch er automatisch zum Sitzen gezwungen wird. In dem Moment, in dem sich Ihr Hund dann hinsetzt, sagen Sie mit klarer Stimme das Wort „Sitz“. Wenn er das von Ihnen erwünschte Verhalten zeigt, belohnen Sie ihn direkt und loben ihn zugleich. Nun können Sie die Distanz zwischen Ihnen und Ihrem Vierbeiner Schritt für Schritt vergrößern. Wenn er sich nicht hinsetzt, sondern stattdessen auf Sie zukommt, beginnen Sie von Neuem und belohnen ihn erst dann, wenn die Übung von ihm korrekt ausgeführt wurde. Hierbei kann auch die Zeitspanne, in der Sie von Ihrem Hund verlangen, zu sitzen, variieren. Am besten sollten Sie das „Sitz“ immer mit einem Auflösesignal, wie einem deutlichen „Ok“ auflösen, das Sie zusätzlich mit einer Handbewegung unterstreichen. Sobald Ihr Hund die neue Verhaltensweise verinnerlicht und gefestigt hat, können Sie das neu erlernte Kommando in einer Umgebung üben, in der es mehr Ablenkungen gibt.

Aus

Immer wieder haben Hunde Dinge im Maul, die dort eigentlich gar nicht hingehören. Einige von ihnen können sogar lebensgefährlich sein. Wenn sich Ihr Hund mal wieder etwas geschnappt hat, das er eigentlich gar nicht schnappen sollte, müssen Sie ihm infolge des Kommandos „Aus“ ein Tauschgeschäft als Alternative anbieten. Dieser Gegenstand muss so gut sein, dass Ihr Hund ihn gar nicht ablehnen kann, wie ein Leckerli oder sein Lieblingsspielzeug.

Durchführung: Sobald Ihr Hund sein Maul öffnet und das von ihm Eingefangene fallen lässt, bringen Sie ihm ein ruhiges und bestimmtes „Aus“ entgegen.

Anschließend geben Sie ihm das von ihm begehrte Tauschobjekt. Mit ein wenig Übung wird es genügen, wenn Sie Ihren Hund einfach nur loben.

Platz

Auch das Grundkommando „Platz“ dient dazu, den Hund zur Ruhe zu bringen, und lässt sich genauso leicht einstudieren.

Durchführung: Führen Sie Ihren Hund hierfür zunächst in das Kommando „Sitz“ und halten Sie ihm ein Leckerli vor die Nase. Anschließend führen Sie dieses mit Ihrer flachen Hand langsam vor den Augen Ihres Hundes zum Boden. Dabei legen sich die meisten Hunde bereits von ganz alleine hin. Sobald sowohl das Hinterteil als auch die Brust Ihres Hundes den Boden berühren, sagen Sie deutlich „Platz“. Vergessen Sie nicht, Ihren Hund zu loben und ihm seine Belohnung möglichst nahe am Boden zu geben. Genauso wie das Kommando „Sitz" wird auch das Kommando „Platz“ mit einem Auflösesignal aufgehoben, was der Hund abwarten muss, um wieder aufstehen zu dürfen. Trainieren Sie auch hierbei wieder mit zunehmender Distanz, bis Ihr Hund das Wort „Platz“ mit der gewünschten Verhaltensweise verknüpft. Am besten kombinieren Sie dieses wieder mit einer Handbewegung Ihrer Wahl. Sobald Ihr Hund das Kommando verinnerlicht hat, können Sie auch dieses wieder in einer belebten Umgebung üben sowie die Liegedauer steigern.

Hier

Auch ein zuverlässiger Rückruf ist eines der wichtigsten Grundkommandos, das Sie Ihrem Hund bereits von Anfang an beibringen sollten. Der Rückruf ermöglicht es Ihrem Hund nicht nur, im Freien herumzulaufen, sondern dient auch als Schutz. Glücklicherweise ist das Kommando „Hier“ für Hunde schnell erlernbar, weil sie dieses Verhalten in den meisten Fällen bereits aus freien Stücken anbieten.

Durchführung: Sobald Ihr Hund auf Sie zukommt, sagen Sie klar und deutlich „Hier“ und freuen sich daraufhin ganz stark, wenn Ihr Hund bei Ihnen ankommt. Ihre offene Körperhaltung sowie ein fröhliches „Hier“ aus Ihrem Mund wird den Hund dazu einladen, dass er in jeder denkbaren Situation gerne zu Ihnen kommt. Ist Ihr Hund dann bei Ihnen angekommen, geben Sie ihm direkt eine Belohnung.

Grundsätzlich sollten Sie jedes Zurückkommen Ihres Hundes zu jeder Zeit positiv verstärken. Gestalten Sie den Rückruf so lohnend wie möglich, damit sich dieser bei Ihrem Hund nachhaltig festigen kann. Wichtig hierbei ist, dass Sie sich selbst interessanter als Ihre Umwelt machen.

Bleib

Möchten Sie Ihrem Hund beibringen, für eine bestimmte Zeit an einem bestimmten Ort zu verweilen, eignet sich das Grundkommando „Bleib" hervorragend, da es in vielen Alltagssituationen hilfreich ist. Die meisten Hundebesitzer kombinieren das Kommando „Bleib" mit den Kommandos „Sitz" und „Platz", weshalb Sie diese Ihrem Hund am besten bereits beigebracht haben sollten.

Durchführung: Bitten Sie Ihren Hund zunächst, entweder „Sitz" oder „Platz" zu machen. Anschließend gehen Sie mit dem Wortsignal „Bleib" einerseits und einer aufgerichteten flachen Hand, also einem Stoppsignal, andererseits einige Schritte zurück. Wenn Ihr Hund liegen bleibt, lösen Sie die Übung auf – zum Beispiel, indem Sie Ihren Hund, durch ein Auflösesignal, zu sich rufen. Nun gehen Sie wieder auf ihn zu und belohnen ihn für seine Verhaltensweise, insofern er bis zum Auflösesignal gewartet hat. Als Nächstes können Sie sowohl die Entfernung als auch die Zeitspanne immer mehr ausdehnen, wobei Sie das Kommando jedoch nicht in Dauerschleife geben, sondern den Befehl nur einmal sagen sollten.

Tipp: Vielen Hunden fällt das Warten wesentlich leichter, wenn Sie einen deutlich markierten und abgegrenzten Platz haben, an dem sie sich sicher und gut aufgehoben fühlen. Hierfür eignet sich zum Beispiel eine Decke oder ein Körbchen besonders gut.

Nein

Mit dem Kommando „Nein" erklären wir entweder ein bestimmtes Verhalten oder aber auch einen Gegenstand als tabu. Das macht aus dem Wort Nein eines der wichtigsten Kommandos in der Erziehung eines Hundes, das den Alltag ungemein erleichtert. Denn das Kommando kann nicht nur Ihre Lieblingsschuhe retten, sondern auch für den Hund im Anti-Giftköder-Training überlebenswichtig sein. Deshalb sollten Sie das Signal nachhaltig üben, das Kommando jedoch nicht allzu oft benutzen, damit es seine Wirkung nicht verliert.

Durchführung: Legen Sie ein Leckerli in Ihre offene Hand. Wenn Ihr Hund dieses aufnehmen möchte, sagen Sie deutlich und bestimmt „Nein“ und schließen dann Ihre Hand. Anschließend öffnen Sie Ihre Hand erneut und wiederholen das Ganze so lange, bis Ihr Hund Ihre Hand nicht mehr ungeduldig antippt und Ihre Aufmerksamkeit sucht. Öffnen Sie nun Ihre Hand und teilen Sie Ihrem Hund mit dem Wort „Nimm“ mit, dass er das Leckerli nehmen darf. Im Anschluss legen Sie das Leckerchen auf den Boden und wiederholen den Vorgang.

Bei Fuß

Ihr Hund sollte außerdem lernen, auch ohne Leine entspannt an Ihrer Seite zu laufen. Das Kommando „Bei Fuß“ ist nicht nur wichtig, um an einer viel befahrenen Straße entlangzugehen, sondern kommt auch dann zum Einsatz, wenn sich Ihr Hund leicht von Unannehmlichkeiten ablenken lassen könnte.

Durchführung: Um Ihrem Hund das Kommando „Bei Fuß“ beizubringen, nehmen Sie sich ein Leckerli in die rechte Hand und beginnen die Übung aus der Grundstellung heraus. Hierbei steht Ihr Hund samt Leine an Ihrem rechten Bein und Sie laufen los. Bestenfalls folgt Ihnen Ihr Hund von selbst, indem er seine Schnauze suchend an Ihre Hand anlegt und Ihren Blickkontakt sucht. Sagen Sie hierbei „Fuß“. Wenn Ihr Hund entspannt und locker neben Ihnen hergeht, stecken Sie ihm ein Leckerli zu. Sollte Ihr Hund jedoch ungeduldig sein und an der Leine ziehen oder bellen, bleiben Sie stehen und gehen erst dann weiter, wenn Ihr Hund wieder zur Ruhe gekommen ist. Als Nächstes variieren Sie erst das Tempo und üben anschließend ohne Leine, zumindest aber auf einem eingezäunten Grundstück. Das Kommando „Bei Fuß“ verlangt von Ihrem Hund sehr viel Konzentration ab, weshalb Sie es am besten immer nur in kurzen Blöcken üben sollten.

Bei Mir

Im Gegensatz zum Kommando „Bei Fuß“, bei dem Ihr Hund nicht von Ihrer Seite weichen soll, darf er sich bei dem Kommando „Bei Mir“ zumindest einen Meter um Sie herum bewegen und Sie dabei kreisen, jedoch nicht unerlaubt seine Bahn verlassen. Damit schenken Sie Ihrem Vierbeiner zwar ein Stück Freiheit, trotzdem bleibt er innerhalb Ihres direkten Einflussbereiches, in den Sie jederzeit eingreifen können.

Durchführung: Sie können das Kommando „Bei Mir" entweder mit einer Schleppleine oder ohne üben. Bewegen Sie sich zunächst einige Schritte fort. Sobald sich Ihr Hund mehr als nur einen Meter von Ihnen entfernt, rufen Sie ihn direkt zurück, indem Sie deutlich und trotzdem freundlich „Bei Mir" sagen. Zu Beginn des Trainings können Sie die Übung noch mit einem Leckerchen als Lockmittel stützen. Wenn Ihr Hund ein wenig geübt ist, reicht ein verbales Lob. Nachdem Sie einige Schritte gegangen sind, können Sie Ihren Hund wieder auf Erkundungstour gehen lassen. Anschließend rufen Sie ihn erneut zu sich zurück und belohnen ihn dann. Auf diese Weise verknüpft Ihr Hund das Zurückkommen mit einem für ihn positiven Erlebnis.

Wenn Sie sich mit Ihrem Hund an das Erlernen von Kommandos wagen, sollten Sie sich unbedingt bei jedem Einzelnen eindeutig auf ein Wort festlegen, sich klar und deutlich ausdrücken und das jeweilige Kommando mit einer eindeutigen und speziell für das jeweilige Kommando genutzten Handbewegung unterstreichen. Hat ein Kommando mehrere Bedeutungen, wird unstimmig kommuniziert oder verwenden Sie eine Handbewegung für mehrere Kommandos, kann Ihr Hund diese nicht eindeutig verstehen und das Verhalten zeigen, das Sie von ihm erwarten. Wenn Sie diese potentiellen Fehler vermeiden und fleißig üben, werden Sie beide schon bald Erfolge sehen.

TRAINING SINNVOLL AUFBAUEN

Bevor wir mit dem Hundetraining beginnen, gibt es einige wichtige Punkte, die wir beachten sollten. Neben allgemeinen Komponenten – Lerntechniken, Lernformen sowie Belohnungsart und -qualität – ist es wichtig, zu überdenken, mit welchem Hund wir trainieren (Alter, Rasse, gesundheitlicher Zustand etc.) und in welcher Lernphase sich unser Hund befindet. Hunde durchlaufen **vier verschiedene Lernphasen**, die jeweils **fließend** ineinander übergehen. Damit das Training mit unserem Hund auch erfolgreich ist, müssen wir diese vier Phasen immer einhalten. Außerdem müssen wir vor dem Beginn jeder Trainingseinheit überlegen, wie wir das Hundetraining **sinnvoll und individuell** aufbauen und gestalten können, damit es für unseren Hund **verständlich, leicht umsetzbar und gleichermaßen spaßig** ist und er trotzdem das angestrebte Ziel erreichen kann.

1. Lernphase: Erwerb

Wenn wir einem Hund eine neue Verhaltensweise beibringen möchten, können wir das über die Lerntechniken des **Lockens** oder des **Formens** (Shaping) erreichen. Die erwünschte Verhaltensweise wird während der ersten Lernphase des Erwerbs immer verstärkt.

Locken

Das Locken ist eine sinnvolle Lerntechnik zum Erwerb einer neuen Übung und findet in der Hundeerziehung dadurch durchaus ihre Berechtigung.

Unter dem Begriff Locken verstehen wir all die Dinge, mit denen wir einen Hund zwanglos und effektiv zu einer ganz bestimmten Verhaltensweise, wie zum Beispiel einer Position, bewegen können.

Für das Locken kommt zumeist Futter zum Einsatz, das wir in der ersten Lernphase meistens noch in der Hand halten. Denn Futter ist ein sehr gutes Lockmittel, das die meisten Hunde ziemlich gerne annehmen. Als Alternative würde sich jedoch auch Spielzeug hervorragend anbieten.

Sobald der Hund dann die neue Verhaltensweise verstanden sowie verinnerlicht hat, müssen wir das Lockmittel, das wir nur als reines Hilfsmittel eingesetzt haben, abbauen. Tun wir das nicht, entwickelt sich das Lockmittel über kurz oder lang zu einem wichtigen Bestandteil der Übung. Das kann dazu führen, dass der Hund die Verhaltensweise nur dann ausführt, wenn wir ihm das Lockmittel auch präsentieren. Wir wünschen uns jedoch, dass unser Hund das neu erlernte Verhalten auch ohne den Einsatz des Lockmittels zeigt. Demnach soll sich der Hund im nächsten Schritt nicht auf das Lockmittel, sondern auf die Übungsausführung selbst konzentrieren, um seine Belohnung zu bekommen.

Formen

Neben dem Locken ist auch das Formen bzw. das Shaping eine sinnvolle Lerntechnik zum Übungserwerb.

Unter dem Formen verstehen wir das kleine und schrittweise Heranführen des Hundes an ein gewünschtes Endverhalten.

Bei der Lerntechnik des Formens benötigen wir zwingend einen positiven Verstärker, wofür uns ein sekundärer Verstärker, also ein konditioniertes Markersignal (z. B. ein Lobwort) dient. Zudem sind sowohl das Timing als auch unsere Beobachtungsgabe wichtige Elemente beim Shaping. Wir müssen den Hund beim

Lernen beobachten, da wir nur so die Anzeichen seines Verhaltens, die zum gewünschten Endverhalten führen, punktgenau beobachten und innerhalb von 0.5 bis 1 Sekunde positiv verstärken können.

2. Lernphase: Fluss

Nachdem der Hund an die neu zu erlernende Verhaltensweise herangeführt wurde, muss diese vielfach – rund **8.000- bis 10.000-mal** – wiederholt und unter **Signalkontrolle** gestellt werden. Ansonsten wird es dem Hund nicht gelingen, das neue Verhalten mit voller Aufmerksamkeit fließend auszuführen. Unter Signalkontrolle versteht man nichts weiter, als dass der Hund ausschließlich infolge eines bestimmten Signals ein gewisses Verhalten zeigt. Es braucht jedoch mehrere tausende Wiederholungen, bis ein Hund so weit ist, dass er ein Verhalten generalisiert hat.

Während der zweiten Lernphase liegt der Fokus auf der **intermittierenden Belohnung**, sodass wir von nun an nicht mehr jedes Mal belohnen, sondern intermittieren, also variabel. Kommt der Hund zum Beispiel dem Kommando „Sitz" nach, bekommt er dafür einmal eine Belohnung. Das nächste sowie das übernächste Mal, wenn er das Kommando ausführt, bekommt er dann jedoch keine mehr, sondern erst beispielsweise beim vierten Mal. Auf diese Art und Weise kann der Hund zwar nicht durchschauen, zu welchem Zeitpunkt er das nächste Mal eine Belohnung bekommt, er behält jedoch seine Motivation bzw. seine positive Erwartungshaltung bei, da er weiß, dass er immer mal wieder eine Belohnung bekommen wird.

3. Lernphase: Generalisierung

Nach der zweiten Phase folgt die Lernphase der **Generalisierung** bzw. die **Verallgemeinerung**. Nun ist der Hund so weit, dass er ein neu erlerntes Verhalten infolge eines bestimmten Signals ausführen kann (Signalkontrolle). Während der dritten Lernphase verlagern wir das Hundetraining aus dem Wohnzimmer nach draußen auf die Wiese, in den Garten oder in die Stadt. Damit eine Verhaltensweise generalisiert werden kann, muss diese immer auch an diversen Orten, zu den verschiedensten Uhrzeiten, in unterschiedlichsten Situationen sowie unter unterschiedlich starken Ablenkungen geübt werden.

4. Lernphase: Aufrechterhaltung

Damit der Hund die neue Verhaltensweise nach all dem Lernen und Üben nicht wieder vergisst, muss diese immer und immer wieder unter den verschiedensten Bedingungen das ganze Hundeleben lang abgerufen und geübt werden. Neben den vier Lernphasen gibt es natürlich noch weitere Komponenten, die im Hundetraining eine wichtige und zentrale Rolle einnehmen. Hierzu zählen

- die beiden Lernformen der klassischen sowie der operanten Konditionierung,
- die Lerntechniken des Lockens sowie des Formens,
- die Belohnungsrate bzw. die Belohnungsqualität sowie
- der elementare Zeitfaktor, der im Hundetraining entscheidend ist.

Darüber hinaus soll Lernen natürlich immer auch Spaß machen. Wenn wir oder aber der Hund einmal keine Lust auf das Training haben, ist es überhaupt nicht schlimm, wenn wir dieses hin und wieder mal ausfallen lassen. Denn nur in einer entspannten, harmonischen und freudigen Ausgangssituation macht das Lernen für Mensch und Hund auch richtig Spaß.

FRAGEN ZUR VORBEREITUNG FÜR DIE THEORIEPRÜFUNG

Frage 1: Hunde lernen Kommandos über ...

a) Sichtzeichen
b) ihr Gehör
c) Körperkontakt zum Besitzer
d) Sichtzeichen, Gehör und Körperkontakt

Frage 2: Wenn zwei Reize miteinander verknüpft werden sollen, muss diese Verflechtung innerhalb von wie vielen Sekunden stattfinden, da ansonsten im besten Fall nur eine sehr schwache Verknüpfung hergestellt werden kann?

a) innerhalb von 0.5 bis 1 Sekunde
b) innerhalb von 1 bis 1,5 Sekunden
c) innerhalb von 1.5 bis 2 Sekunden
d) innerhalb von 2 bis 2,5 Sekunden

Frage 3: Welches Kommando gehört nicht zu den Grundkommandos?

a) Sitz
b) Platz
c) Rolle
d) Bleib

Frage 4: Wann sollte ein Hund belohnt werden, wenn er ein vom Besitzer erwünschtes Verhalten zeigt?

a) Der Hund sollte gar nicht belohnt werden.
b) Der Hund sollte sofort belohnt werden.
c) Der Hund sollte nach 5 Minuten belohnt werden.
d) Zeit ist bei der Belohnung von keinerlei Bedeutung.

Frage 5: Wie ist die naturgegebene Gesellschaftsform von Hunden im Rudel aufgebaut?

a) Die naturgegebene Gesellschaftsform von Hunden im Rudel ist ohne jegliche Struktur aufgebaut.
b) Die naturgegebene Gesellschaftsform von Hunden im Rudel ist demokratisch aufgebaut.
c) Die naturgegebene Gesellschaftsform von Hunden im Rudel ist hierarchisch aufgebaut.
d) Die naturgegebene Gesellschaftsform von Hunden im Rudel ist anarchisch aufgebaut.

Frage 6: Inwiefern beeinflussen Rauf- und Zerrspiele zwischen Hund und Mensch das Selbstbewusstsein des Vierbeiners, wenn dieser regelmäßig als der Sieger aus den Spielen hervorgeht?

a) Geht der Hund regelmäßig als Sieger aus Rauf- und Zerrspielen hervor, steigert das sein Selbstbewusstsein.
b) Geht der Hund regelmäßig als Sieger aus Rauf- und Zerrspielen hervor, mindert das sein Selbstbewusstsein.
c) Geht der Hund regelmäßig als Sieger aus Rauf- und Zerrspielen hervor, steigert das seinen Gehorsam.
d) Geht der Hund regelmäßig als Sieger aus Rauf- und Zerrspielen hervor, hat das keinen Einfluss.

Frage 7: Was kann die Folge davon sein, einen Hund häufig und hart zu bestrafen?
a) Unter Umständen könnte sich der Hund bedroht fühlen und aggressiv reagieren oder scheu und unsicher werden, weil er zu seinem Besitzer kein Vertrauen mehr hat.
b) Der Hund wird die Übungen und erwünschten Kommandos in Zukunft zuverlässiger und schneller ausführen, weil er durch die Bestrafungen lernt, brav sein zu müssen.
c) Die Bindung zwischen Hund und Halter verstärkt sich, weil dem Hund durch Bestrafungen Respekt vermittelt wird.
d) Harte Bestrafungen haben keine Konsequenzen zur Folge, weil sich Hunde untereinander auch rigoros verhalten.

Frage 8: Auf welche Art und Weise sollte die Rangordnung zwischen Mensch und Hund verdeutlicht werden?
a) Man sollte demonstrativ vor den Augen des Hundes essen und ihm nichts abgeben und ihn auch nicht mit Leckerlis füttern.
b) Man sollte abwarten, bis der Hund bei einer Übung einen Fehler begeht, und ihn anschließend unterwerfen, indem man ihn an seinem Rücken packt und ihn mit Schwung dreht.
c) Man sollte forderndes und aufdringliches Verhalten eines Hundes ignorieren und darauf achten, dass man selbst zumeist zu gemeinsamen Aktivitäten auffordert.
d) Man sollte den Hund über Nacht draußen im Garten anleinen.

Frage 9: Hunde akzeptieren ihren Besitzer umso eher als Rudelchef, je ...
a) souveräner er auftritt und je konsequenter er aufmerksamkeitssuchendes Verhalten des Hundes ignoriert.
b) öfter er seinen Hund lobt und füttert.
c) liebevoller sein Umgang mit ihm ist und je länger seine Streicheleinheiten sind.
d) häufiger er seinen Hund alleine zu Hause lässt, damit dieser das Haus bzw. die Wohnung bewachen kann.

Frage 10: Welches Verhalten legt ein dominanter Hund gegenüber seinem Besitzer an den Tag, um seine Stellung zu beweisen?
a) Der Hund läuft beim Spaziergang hinter seinem Besitzer, damit er ihn kontrollieren kann.
b) Der Hund uriniert auf den Wohnzimmerteppich.
c) Der Hund weigert sich, zu fressen, wenn sein Besitzer seinen Napf auffüllt und ihm Anweisungen zum Fressen gibt.

d) Der Hund schränkt die Bewegungsfreiheit seines Besitzers ein und ignoriert ihn in gewissen Situationen.

Frage 11: Wie sollte man sich verhalten, wenn man einen kleinen Hund hat und ein großer Hund einem entgegenkommt?
a) Man sollte versuchen, den großen Hund mit wilden Gesten und lauten Worten zu verscheuchen.
b) Man sollte den kleinen Hund auf den Arm nehmen, damit der große ihn nicht angreift und ihm somit auch nichts passieren kann.
c) Man sollte einfach stehen bleiben und versuchen, mit einem ruhigen Schritt auszuweichen.
d) Man sollte den kleinen Hund dazu animieren, wütend zu bellen, damit der große Hund Angst bekommt.

Frage 12: Sie sind mit Ihrem Hund spazieren. Trotz wiederholter Rückrufe kommt er nicht zu Ihnen zurück. Wie sollten Sie sich verhalten?
a) Sie sollten lautstark brüllen und ihm mit Strafen drohen.
b) Sie sollten sich ruhig umdrehen und gehen.
c) Sie sollten ihm hinterherlaufen und versuchen, ihn einzufangen.
d) Sie sollten mit der Leine nach ihm werfen.

Frage 13: Welche Bedeutung hat es, wenn sich zwei Hunde direkt in die Augen starren?
a) Die Hunde wollen miteinander spielen.
b) Die Hunde sehen im jeweils anderen potentielle Paarungspartner.
c) Die Hunde wollen sich gegenseitig imponieren und messen, wer von beiden der stärkere ist.
d) Die Hunde haben sich gern.

Frage 14: Ihr eigener Hund läuft in der Öffentlichkeit frei herum und begegnet einem anderen Hund, der den Blickkontakt zu Ihrem Hund vermeidet und seinen Schwanz einklemmt. Welche Aussage trifft auf dieses Verhalten der Hunde zu?
a) Der andere Hund zeigt Ihrem Hund gegenüber unterwürfiges Verhalten.
b) Der andere Hund hat Angst vor Ihrem Hund.
c) Ihr Hund hat den anderen Hund zum Spielen aufgefordert, der die Einladung jedoch ablehnt.
d) Ihr Hund zeigt ein sehr dominantes Verhalten.

Frage 15: Wie sollten Sie sich verhalten, wenn Ihr Hund, der normalerweise immer ganz friedlich und lieb war, urplötzlich aggressive Verhaltensweisen zeigt?

a) Sie sollten das Futter Ihres Hundes umstellen und ihm zwischendurch mehr Leckerlis geben.

b) Sie sollten Ihren Hund sofort bestrafen und ihm keinerlei aggressive Verhaltensweisen durchgehen lassen.

c) Sie sollten Ihren Hund umgehend zum Tierarzt bringen, weil Ihr Hund unter Schmerzen leiden oder eine Krankheit haben könnte.

d) Sie können gar nichts tun, weil aggressive Verhaltensweisen bei Hunden normal sind.

Frage 16: Warum reagieren viele Hunde aggressiver, wenn sie angeleint sind?

a) Hunde sind verärgert darüber, dass sie an der Leine geführt werden.

b) Hunde fühlen sich wesentlich schneller bedroht, wenn sie angeleint sind, weil sie sich dann nicht frei bewegen und ausweichen können.

c) Hunde haben das aggressive Verhalten als Strategie gelernt, damit sie in für sie ängstlichen Situationen entweder schneller entscheiden oder diese beenden können.

d) Angeleinte Hunde sind mutiger.

Frage 17: Sie haben Ihren Hund zum Tierarzt gebracht, der auf dem Tisch liegend sehr viel Angst hat, unruhig ist und zappelt. Ab und zu knurrt er, wenn sich etwas für ihn unangenehm anfühlt. Sollten Sie Ihrem Hund in diesem Moment gut zureden?

a) Es ist nicht richtig, ihm gut zuzureden. Vielmehr sollte man einmalig laut schreien, damit der Hund aufhört, sich so aufzuführen.

b) Ja, man sollte dem Hund am besten die ganze Zeit über gut zu reden, weil ihn das beruhigt.

c) Nein, man sollte gar nicht mit dem Hund reden. Der Hund muss lernen, alleine mit solchen Situationen zurechtzukommen.

d) Nein, man sollte nur in den Momenten mit dem Hund reden, in denen er nicht knurrt und sich brav verhält.

Basiswissen 4 – Wesen des Hundes & Kommunikation

KÖRPERSPRACHE DES HUNDES

Hunde kommunizieren nicht nur mit ihren Artgenossen, sondern auch mit uns Menschen. Dafür nutzen sie sowohl ihre Lautsprache als auch ihre Körpersprache, die für den Hund die wichtigste Form der Kommunikation darstellt. Zudem setzen sie ihre Körpersprache zumeist in Kombination mit anderen Formen der Kommunikation ein, denn sie lernen bereits im Welpenalter, wie sie die feinen Nuancen ihres körperlichen Ausdrucks im Umgang mit anderen ausdrücken können. Um die Wünsche und Bedürfnisse unseres Hundes verstehen zu können, sollten wir in der Lage sein, die Körpersignale unseres Hundes zu deuten und richtig zu verstehen. Zum einen ist das der einzige Weg, damit die Kommunikation zwischen Mensch und Hund ohne Missverständnisse funktionieren kann. Zum anderen müssen Hundebesitzer nachvollziehen können, wenn sich ihr Hund im Umgang mit anderen Menschen oder Hunden unwohl fühlt. Dann ist es nämlich deren Aufgabe, ihre Vierbeiner aus der Situation zu lösen und sie zu beschützen. Als positiver Nebeneffekt stärkt der Besitzer dadurch auch die Beziehung zu seinem Hund.

Augen

Große Pupillen und ein generell sanfter Ausdruck in den Augen deuten auf einen entspannten und freundlichen Hund hin. Im Gegensatz dazu sollten ein fixierender Blick sowie starre und zusammengezogene Pupillen als Drohung verstanden werden. Zudem verstärkt die Haltung der Augenbrauen den Ausdruck des Hundes.

Entspannt / Freundlich: große Pupillen, sanfte Augen Drohend: enge Pupillen, starre Augen

Kopfhaltung

Grundsätzlich signalisieren Hunde durch einen abgewandten Blick Friedfertigkeit, wohingegen direkter Blickkontakt als Selbstsicherheit und, je nach Kontext, auch als Konfrontation gedeutet werden kann. Wenn Hunde ihren Kopf fragend zur Seite neigen, sind sie außerdem verunsichert und sondieren die gegenwärtige Situation.

Friedlich: abgewandt Selbstsicher oder konfrontierend: direkt Fragend, verunsichert, sondierend: geneigt

Ohren

Das Spiel mit den Ohren ist, je nach Rasse, ein wenig schwieriger zu deuten. Hunde mit ausgeprägten Hängeohren können diese nicht so spitzen wie beispielsweise ein Schäferhund. Aus diesem Grund müssen wir ganz genau schauen, welchen Wink uns unser Hund mit seinen Ohren geben möchte. Grundsätzlich signalisieren flach nach hinten angelegte Ohren Unterwerfung oder Angst, wohingegen nach vorne gerichtete Ohren Aufmerksamkeit und Sicherheit zeigen.

Je nach Rasse unterschiedlich Grundsätzlich: Unterwürfig, ängstlich: flach hinten anliegend Aufmerksam, sicher: nach vorne gerichtet

Rückenfell

Wenn Hunde erregt oder aggressiv sind, können sie ihr Rückenfell aufstellen. Dadurch wirkt der Hund optisch größer und sieht wuchtiger aus. Mit ausgestellter Brust will der Hund außerdem Verärgerung oder sogar eine eindeutige Drohung aussprechen.

erregt, aggressiv: aufgestellt verärgert, drohend: ausgestellte Brust

Rute

Wedelt der Hund gelassen mit seinem Schwanz, deutet das auf eine freundliche Stimmung hin. Je nachdem, wie schnell er dabei mit seiner Rute wedelt, kann die Wedel-Geschwindigkeit aber auch auf Aufregung oder, je nach Kontext, auf Aggression hindeuten. Stellt der Hund seine Rute starr auf oder zittert diese ein wenig, signalisiert er damit Verärgerung oder Aufmerksamkeit. Wenn der Hund seine Rute zwischen seinen Hinterbeinen einklemmt, zeigt er, dass er ängstlich ist. Gegebenenfalls kann es hier bei Rassen mit kurzen Ruten zu Kommunikationsproblemen kommen, da bei ihnen das gesamte Hinterteil wackelt.

freundlich: gelassenes Wedeln
aufgeregt bis aggressiv: schnelles Wedeln
verärgert oder aufmerksam: starr, zitternd
ängstlich: eingeklemmt
(bei kurzen Ruten Unterschiede)

Schnauze

Auch von den Zähnen, den Lippen und den Mundwinkeln lassen sich viele Hinweise ablesen. So deuten nach hinten gezogene Mundwinkel auf Unterwürfigkeit hin. Zeigt der Hund dabei dann auch noch Zähne, droht er uns. Im Gegensatz dazu verraten nach vorne gerichtete Lefzen, aus denen leicht die Eckzähne hervorblitzen, dass sich der Hund entspannt fühlt. Grundsätzlich deutet ein leicht offenes Maul immer auf Entspannung hin, wohingegen Gähnen nicht immer mit Müdigkeit gleichzusetzen ist. Hunde gähnen sehr häufig aus den unterschiedlichsten Gründen. Einerseits gähnen sie, weil sie müde sind. Andererseits hilft das Gähnen den Hunden, sich in stressigen Situationen zu entspannen und zu beruhigen. Außerdem gähnen die Vierbeiner, um beruhigend auf ihren Gegenüber zu wirken.

Unterwürfig: nach hinten gezogene Lefzen
Drohend: nach hinten gezogene Lefzen + Zähne
Entspannt: Lefzen sind vorne + Eckzähne
Leicht offenes Maul
Gähnen: müde oder um sich zu beruhigen/beruhigend zu wirken

Allgemeine Haltung

Bei der allgemeinen Haltung ist die Änderung der Körpergröße durch den Hund von entscheidender Bedeutung. Wenn sich ein Hund groß macht bzw. sich aufplustert, zeugt die Haltung von Selbstbewusstsein und er möchte seinen Gegenüber womöglich beeindrucken. Unternimmt der Hund jedoch den Versuch, sich eher kleiner zu machen, und kauert er sich vielleicht hin oder knickt seine Hinterbeine ein, ist er ängstlich und unsicher. Gibt der Hund seinen Bauch preis, indem er sich auf den Rücken legt, handelt es sich bei seiner Haltung um eine Unterwerfungsgeste. Doch wenn der Hund seinen Vorderkörper senkt und gleichzeitig sein Hinterteil in die Luft streckt und dabei mit seinem Schwanz wedelt, ist das eine Aufforderung zum Spielen.

selbstbewusst, imponierend: groß machen, aufplustern
ängstlich, unsicher: klein machen, einknicken, kauern
Unterwerfend: Rückenlage, Bauch zeigend
Aufforderung zum Spielen: Vorderkörper gesenkt, Hinterteil erhoben, schwanzwedelnd

Entspannte Körperhaltung

Bei der ganz normalen, entspannten Körperhaltung steht der Hund aufrecht und ist dabei entspannt und verkrampft nicht. Je nach Rasse wird die Rute in der Normalhaltung getragen und hängt dabei entweder einfach herab oder ist zum Beispiel im Bogen über den Rücken des Hundes gekehrt. Der Gesichtsausdruck sowie die Muskulatur des Hundes wirken harmonisch und sind entspannt. Seine Ohren bewegen sich, entsprechend der Bewegung des Hundes oder eventueller Geräusche, ganz locker.

Entspannt: gesamte Körperhaltung locker, normal, harmonisch

Abwenden des Kopfes

Das Abwenden des Kopfes ist ein ganz typisches Körperverhalten von Hunden und oftmals dann zu beobachten, wenn sich entweder zwei Hunde begegnen oder wenn sich der Hund bedrängt fühlt, sobald er vom Menschen durch Beugen über ihn umarmt wird. Dann dreht der Hund seinen Kopf in die entgegengesetzte Richtung, zeigt seinem Gegenüber damit jedoch nicht die kalte Schulter. Vielmehr ist dieses Verhalten ein Zeichen von Höflichkeit. Hunde gehen nur dann mit direktem Blick aufeinander zu, wenn sie sich im Vorfeld bereits kennengelernt haben. Das Abwenden des Kopfes ist für den Hund eine Geste, die er einsetzt, um eine Situation zu entschärfen.

Höflich, fühlt sich bedrängt, eine Situation entschärfen: Abwenden des Kopfes

Am Boden schnüffeln

Hunde lieben das Schnüffeln und erkunden gerne die Gegend und riechen an anderen Hunden. Doch das Schnüffeln kann darüber hinaus auch noch eine andere Bedeutung haben. Hierbei geht es nämlich nicht immer nur darum, einem interessanten Geruch zu folgen. Bei genauerer Betrachtung fällt auf, dass die Nase des Hundes zwar knapp über dem Boden entlangwandert, sein Blick jedoch seinem Gegenüber gilt. Meistens ist das Schnüffeln am Boden eine Kombination aus Beschwichtigung und einer Übersprunghandlung.

Beschwichtigend, Übersprungshandlung: Schnüffeln am Boden

Eingefrorene Bewegung

Die eingefrorene Bewegung ist ein sehr beruhigendes Verhalten. Hunde setzen dieses Verhalten ein, weil sie darauf hoffen, dass sich eine Situation wieder entspannt. Am liebsten würde der Hund einfach im Erdboden verschwinden und möchte nicht mehr beachtet werden. Das Einfrieren der Bewegung ist oftmals bei Hunden zu beobachten, die dieses Verhalten gegenüber sich nähernden Artgenossen zeigen. Außerdem sieht man dieses Körpersprachesignal häufig beim Training mit Menschen, sobald sich die Stimmung des Hundes von emotional in aggressiv umwandelt.

Beruhigend, emotional -> aggressiv: eingefroren

Fixieren

Das Fixieren ist ein Droh- und Imponierverhalten, bei dem der Hund seinen Blick starr auf den Gegenüber richtet. Dabei ist sein Kopf ganz ruhig, da sein gesamter Körper unter Anspannung steht. Auf das Fixieren folgen oftmals weitere

Verhaltensweisen, die den Gegenüber abschrecken sollen, wie beispielsweise das Schnappen nach Luft.

drohend, imponierend, abschreckend: Körper unter Anspannung, fixierend, Schnappen nach Luft

Gang im Bogen

Hunde gehen nur ganz selten auf direktem Wege aufeinander zu und nähern sich vielmehr im Bogen, als Zeichen der Deeskalation, vorsichtig an. Damit signalisieren sie ihrem Gegenüber, dass sie ihn nicht provozieren möchten.

deeskalativ: Bogengang

Hin- und Herwälzen

Wenn sich Hunde auf dem Rücken wälzen, kann das unterschiedliche Ursachen haben. Zum einen wälzen sich Hunde manchmal einfach vor **Glück** und bauen dadurch überschüssige Energie ab. Zum anderen könnten sie sich aber auch auf einem stark riechenden Untergrund wälzen, um ihren eigenen **Duft** zu **überdecken**. Auf der Jagd konnten sich Wölfe somit näher an ihre Beute schleichen, ohne dass diese sie bemerkte und floh.

glücklich, energetisch, Überdecken von eigenem Duft: (in Dreck) Hin- und Herwälzen

Über den Fang lecken

Oftmals lecken sich Hunde über ihr Maul, wobei dieses Signal häufig von unsicheren Hunden angewandt wird. Zumeist drehen sie dabei zusätzlich ihre Ohren nach hinten und wenden ihren Blick ab. Damit wollen sie ihren Gegenüber besänftigen und demütig wirken.

unsicher, besänftigend, demütig: übers Maul lecken, Ohren nach hinten anlegen, Blick abwenden

Ungewisse Situation

In ungewissen Situationen legen Hunde ihren Kopf leicht schief und ducken diesen vielleicht sogar etwas. Außerdem legen sie ihre Ohren an und halten den Blickkontakt zu ihrem Gegenüber aufrecht. Sie sind sich nicht sicher, wie sie sich am besten verhalten sollen, und können die Situation nicht gut einschätzen. Rassebedingt hängt ihre Rute nach unten, sie zeigen sich zurückhaltend, defensiv, sind abwartend und unterwürfig.

unsicher: Kopf schief liegend, Ohren angelegt, Blickkontakt haltend
Rassebedingt: Rute hängt nach unten, zurückhaltend, defensiv, abwartend, unterwürfig

Pföteln

Beim Pföteln winkeln oder heben die Hunde ihre Vorderpfoten aus vielen verschiedenen Gründen an. Einerseits ist das Pföteln ein Hinweis darauf, dass der Hund in einer bestimmten Situation überfordert ist – zum Beispiel, wenn er sich durch zu viel Nähe gestresst fühlt. Andererseits kann das Pföteln aber auch herausfordernd und aufdringlich sein, sobald der Hund zu viel Aufmerksamkeit fordert. Darüber hinaus setzen Hunde das Pföteln vermehrt in Spielsituationen ein. Hierbei gilt auch wieder, dass die ganze Situation sowie die gesamte Körperhaltung des Hundes beobachtet werden müssen.

Überfordert / gestresst, herausfordernd / aufdringlich, spielend: Pfötelnd

T-Stellung

Die T-Stellung ist immer dann zu beobachten, wenn zwei Hunde spielen. Dabei stehen beide Hunde ungefähr in einem Winkel von 90 Grad zueinander und bilden eine Art T. Auch die T-Stellung ist kontextabhängig, da sie viele unterschiedliche Bedeutungen haben kann.

Defensiv: Führend

Die defensive T-Stellung wird von den führungsstarken Hunden genutzt, die nicht darauf angewiesen sind, auf eine Interaktion einzugehen.

Offensiv: Unsicher, machtdemonstrierend

Im Gegensatz dazu dient die offensive T-Stellung mit Blickkontakt der Machtdemonstration. Hierbei will der Hund Stärke zeigen. Darüber hinaus kann die offensive T-Stellung mit Blickkontakt aber auch bei unsicheren Hunden beobachtet werden, die nie wirklich gelernt haben, zu kommunizieren.

Abschirmend/submissiv: Bindung, Kontakt

Weiterhin dient die abschirmende T-Stellung zum Schutz und die submissive T-Stellung, bei der sich der Hund unter den Kopf-Hals-Bereich des anderen schiebt und stehen bleibt, als Kontaktaufnahme zwischen zwei potentiellen Bindungspartnern.

Spielaufforderung

Zuletzt kann die T-Stellung aber auch als Spielaufforderung verstanden werden. Hierbei stehen die Hunde quer zueinander oder ein Hund liegt. Dabei wird das Kinn aufgelegt und die Schulter angerempelt.

Mensch/Hund: freundlich/unfreundlich

Zudem können auch Mensch und Hund in T-Stellung zueinander stehen. Dabei steht der Hund quer zum Menschen und lehnt sich oftmals gegen seine Beine. Diese Haltung ist bei Bindungspartnern als freundlich aufzufassen, bei fremden Menschen aber eine unfreundliche und abweisende Geste.

Vorkörpertiefstellung

Die Vorkörpertiefstellung ist bei den Hunden zumeist eine Aufforderung zum Spielen, die aber auch beschwichtigend eingesetzt werden kann. Zeigt der Hund die Vorkörpertiefstellung, ist es immer wichtig, die gesamte Situation zu bewerten. Denn bei Hütehunden ist diese Stellung zum Beispiel Teil ihres natürlichen Hüteverhaltens.

Beschwichtigend, Aufforderung zum Spielen: Vorkörperstellung
Kontextabhängig, rasseabhängig

SO LIEST DER HUND – KÖRPERSPRACHE DES MENSCHEN

Menschen nutzen eine andere Art und Weise der Kommunikation als Hunde. Denn bei ihnen liegt der Fokus auf dem verbalen Kontakt und das Gesagte wird durch Mimik und Gestik unterstrichen. Während wir Menschen leicht erkennen können, wenn jemand mit uns redet und welche Informationen des Gesprächs für uns wichtig sind, fällt es Hunden nicht so leicht, diese Dinge herauszufiltern.

Hunde lesen vor allem unsere Körpersprache und merken, wenn wir uns freuen oder ängstlich sind. Wenn wir mit unserem Vierbeiner reden, sollten wir uns ihm deshalb immer zuwenden, uns dabei aber nicht über ihn beugen, weil er dieses Verhalten als Drohung auffassen würde. Wenn Sie Ihrem Hund einen eindeutigen Befehl geben möchten, sollten Sie Ihre Hände ruhig halten und Ihre Gestik so aktiv wie möglich einsetzen, um Ihrem Vierbeiner zu verdeutlichen, dass Ihre Bewegungen Sinn machen. Wildes Gestikulieren mit Ihren Armen würde Ihren Hund nur verunsichern.

Darüber hinaus stärken Sie durch Augenkontakt Ihre gegenseitige Bindung. Sobald Sie den Blickkontakt zu Ihrem Hund aufnehmen, setzen Sie bei ihm ein Bindungshormon frei und er freut sich, dass Sie ihm Beachtung schenken. Wenn Sie mit Ihrem Hund kommunizieren und er Ihnen dabei in die Augen schaut, können Sie sich sicher sein, dass Sie seine volle Aufmerksamkeit haben. Machen Sie jetzt nur nicht den Fehler, Ihre Mimik zu vernachlässigen, denn Ihr Hund interpretiert jeden Ihrer Gesichtszüge. Wenn Sie das Gefühl haben sollten, dass Ihnen Ihr Vierbeiner nicht direkt in die Augen, sondern vielleicht auf den Mund oder die Nase schaut, ist das ein Zeichen dafür, dass er sich Ihnen unterordnet.

In der Kommunikation mit Ihrem Hund sollten Sie außerdem beachten, dass Ihr Gesagtes mit dem Signal übereinstimmt. Sagen Sie etwas anderes als das, was Ihre Körpersprache vermuten lässt, wird sich Ihr Vierbeiner immer nach Ihrer Gestik richten. Auch wenn Sie also etwas anderes gemeint haben sollten, wird er aus seinem Blickwinkel richtig agieren. Deshalb sollten Sie Ihren Hund immer beobachten und sowohl auf seine Reaktion als auch auf Ihre Körpersprache achten und diese dann dementsprechend anpassen. Vergessen Sie dabei jedoch nicht, dass Sie nicht versuchen sollten, Ihren Hund verbal zu erziehen oder lauter zu werden, wenn er mal einen Ihrer Befehle nicht befolgt. Stattdessen sollten Sie ihn vielmehr durch unmissverständliche Signale erziehen.

Bevor Hunde unsere Worte überhaupt registrieren oder sich von uns angesprochen fühlen, betrachten sie also grundsätzlich immer erst unsere Körpersprache. Meistens setzt die unmissverständliche Kommunikation zwischen Hund und Mensch deshalb voraus, dass wir an unserer Gestik arbeiten und unsere Signale klar und verständlich vermitteln können.

KOMMUNIKATION ZWISCHEN MENSCH & HUND

Die meisten Menschen nutzen ihre Körpersprache unterbewusst. Kommunizieren wir mit Hunden, sollten wir jedoch umso mehr darauf achten, dass wir unseren eigenen Körper bewusst und aktiv wahrnehmen und kontrollieren. Hierbei reicht es nicht aus, zu erlernen, welche Signale unser Hund auffassen und verstehen kann. Vielmehr müssen wir diese bewusst einsetzen und dabei darauf achten, wie wir uns bewegen und wie wir gestikulieren, wenn wir mit unserem Vierbeiner direkt kommunizieren.

Wenn wir bereits seit Längerem verbal mit unserem Hund kommunizieren, ohne dabei bewusst auf unsere Gestik zu achten, kann es durchaus vorkommen, dass der Umstieg auf nonverbale Kommunikation bei unserem Hund zu Verwirrung führt. Schließlich hat er bis dato gelernt, dass er nicht auf unsere Körpersprache vertrauen kann. So haben wir vielleicht unterschiedliche Gesten für dieselben Befehle verwendet. Außerdem ist es durchaus denkbar, dass unsere Bewegungen ausschließlich im Zusammenspiel mit unseren Befehlen für unseren Hund Sinn ergeben. Deshalb müssen wir umso geduldiger mit unserer Interaktion sein und an unseren Signalen, durch stetige Wiederholungen, arbeiten.

Zur Kommunikation nutzen Hunde alle fünf Sinne, wobei das Schmecken und das Riechen (gustatorische und olfaktorische Kommunikation) häufig unter dem Terminus der chemischen Kommunikation zusammengefasst werden. Darüber hinaus kommunizieren Hunde taktil, also über Berührungen. Sucht der Hund unsere Nähe, stupst uns an oder leckt uns ab, kommuniziert er mit uns. Weiterhin ist die optische Kommunikation eine der wichtigsten Formen der Kommunikation für unseren Hund, die auch für uns Menschen wichtig ist, um unseren Hund zu verstehen. Was drücken wir durch unsere Mimik aus? Durch unsere Augen und Ohren? Was will uns unser Hund durch seine Rute sagen oder mit seiner Schnauze? Welche Dinge können wir am Körper ablesen? Daneben spielen natürlich auch jegliche Lautäußerungen und damit die akustische

Kommunikation eine wesentliche Rolle. Demnach sehen wir also, dass jede Art der Kommunikation bedeutend ist und etwas ausdrückt.

Um erfolgreich mit unserem Hund kommunizieren zu können, müssen wir wissen, was genau wir für unseren Hund sein wollen und welche Aspekte wir erfüllen möchten, damit unser Hund uns auch in dieser Rolle wahrnimmt. Hunde mögen Regeln und sie mögen Strukturen, denn beides gibt ihnen Sicherheit. Neben seinen Pflichten, Rechten, Privilegien und den Tabus, an die er sich halten muss, muss dem Hund vor allem sein Handlungsrahmen klar sein. Unsere Aufgabe ist es daher, dass wir so vorausschauend, glaubwürdig und planvoll wie möglich agieren. Denn je besser uns unser Hund einschätzen kann und je besser er weiß, wie wir in bestimmten Situationen reagieren, desto sicherer fühlt er sich. Je inkonsequenter, planloser und willkürlicher unsere Handlungen sind, umso weniger sind diese für unseren Hund berechenbar. Damit würden wir lediglich Unsicherheiten schüren und uns selbst als weniger vertrauensvoll und unzuverlässig präsentieren.

Bevor wir also mit der bewussten nonverbalen Kommunikation beginnen, sollten wir erst einmal auf uns selbst schauen und uns darüber bewusst werden, was wir wie aussenden und wie diese Dinge bei unserem Hund ankommen. Dabei ist eine der wichtigsten Komponenten unsere eigene Stimmung. Denn diese übertragen wir auf unseren Hund und umgekehrt. Obgleich wir nach einer gewissen Zeit des Hundetrainings dazu neigen, von unserem Hund zu erwarten, dass er unseren Anweisungen auch ohne Belohnung folgt, müssen wir ihm nichtsdestotrotz Feedback geben. Das Feedback ist für unseren Hund wie das Dankeschön für uns Menschen. Der Hund weiß, dass wir sein Verhalten schätzen und es belohnen. Dabei kann das Feedback in vielfältigen Formen ausfallen, die immer auch von den individuellen Vorlieben des Hundes abhängig sind. So können Leckerlis, herzhaftes Lachen, gemeinsame Spieleinheiten oder liebevolle Streicheleinheiten dem Hund zeigen, dass sein Verhalten geschätzt wird. Das wiederum erhöht seine Lernkurve. Wird ein Hund immer nur getadelt, versteht er zwar, welche Verhaltensweisen falsch sind, weiß dadurch jedoch nicht automatisch, welche Verhaltensweisen in welchen Situationen die richtigen sind. Daher müssen wir auch in Situationen, die vermeintlich selbstverständlich sind, darauf achten, unseren Hund zu belohnen. Dadurch wird es ihm leichter fallen, zu verstehen, auf welche Art und Weise er sich richtig verhält. Kommunikation mit einem Hund bedeutet also, dass wir die Signale unseres Vierbeiners verstehen und auch darauf eingehen. Unser Hund ist an eine nonverbale Kommunikation gewöhnt. Darauf reagiert er ganz automatisch mit einer gewissen Gestik. Wenn wir ihn beobachten und bestrebt sind, sein Verhalten und seine Reaktionen zu verstehen, gelingt es uns, durch zielgerichtete Verhaltensweisen bestimmte Situationen zu entschärfen.

Checkliste

Verbal:

- Stimmlage und Wortklang sollten immer positiv sein, damit der Hund mit der Ansprache Positives verknüpft und so gerne von seinem Besitzer hört
- Ausschimpfungen mit lauter und harter Stimme führen zur Abwendung des Hundes
- zu lautes Reden kann bei Hunden zu Schmerzen führen
- Ansprachen sollten kurz gehalten werden, um Verwirrungen beim Hund zu vermeiden
- gerne mit dem Hund reden und ihm vom Alltag erzählen -> Austausch

Nonverbal:

- Körpersprache bewusst einsetzen
- immer dieselben Gesten für dieselben Befehle nutzen
- Mimik und Gestik konsequent und logisch in der Kommunikation mit dem Vierbeiner einsetzen
- Körperkontakt einsetzen, um die ungeteilte Aufmerksamkeit des Hundes zu bekommen
- Bewegungen und Befehle kombinieren -> Hörzeichen und Handzeichen mit Worten und Verhaltensweisen verknüpfen
- Rituale und Gewohnheiten entwickeln, um dem Alltag Struktur zu verleihen

VERHALTEN

Angstverhalten

Im Allgemeinen bringen Hunde ihre Unterwürfigkeit bzw. ihr Unbehagen durch eine geduckte Körperhaltung zum Ausdruck. Dabei ziehen sie ihre Rute zwischen ihren Beinen ein, knicken gleichzeitig ihre Hinterbeine ein, krümmen ihren Rücken, vermeiden Blickkontakt, ziehen ihre Ohren nach hinten und legen diese an oder kauern sich manchmal auch auf den Boden. Wenn Hunde Angst haben, möchten sie sich am liebsten so klein wie möglich machen, um einerseits

Aggressionen zu vermeiden und ihren Gegner andererseits nicht weiter zu reizen. Ihre Angst oder Demut bringen sie offen zum Ausdruck und sie zeigen ihrem Gegner damit, dass sie keinen Kampf provozieren und sich stattdessen unterordnen wollen. Darüber hinaus kann sich Angstverhalten bei Hunden in Form von Zittern, Hecheln, Jaulen, Bellen, Gähnen oder defensiven Aggressionen zeigen. Zudem lecken sich einige Hunde die Schnauze, verstecken sich, zerstören Dinge oder lecken ausgiebig ihr Fell. Auf körperlicher Ebene kann Angstverhalten durch Speichelfluss, Erbrechen, Durchfall, Appetitlosigkeit, Inkontinenz oder große Pupillen zum Ausdruck kommen.

Streicheleinheiten zur Entspannung: Natürlich ist es immer eine individuelle Frage, auf welche Art und Weise sich Hunde am besten entspannen können, jedoch lieben die meisten Hunde in der Regel Streicheleinheiten. Ängstliche Hunde bevorzugen dabei das Streicheln mit dem Handrücken, einem Massageball oder einer Bürste. Dabei sollten Sie Ihren Hund immer in Wuchsrichtung seines Fells streicheln. Wenn Ihr Hund während der Streicheleinheiten ruhig atmet, seine Rute entspannt und einen sanften Blick hat, gefällt ihm die Art, wie Sie ihn streicheln. Legt sich Ihr Hund anschließend auf seine Seite und ist es zudem offensichtlich, dass er Ihre Berührungen genießt, hat er das höchste Maß an Entspannung erreicht.

Ohrmassagen: Darüber hinaus können auch kleine Ohrmassagen während der regelmäßigen Streicheleinheiten helfen, das Angstverhalten Ihres Hundes zu lindern. Hierfür nehmen Sie das Ohr Ihres Vierbeiners ganz sanft zwischen Ihren Daumen und Ihrem Zeigefinger und lassen dann, beginnend am Ohransatz, sanft streichelnde Bewegungen bis zu den äußeren Rändern der Ohren folgen. Viele Hunde lieben diese Ohrmassagen und können sich dadurch direkt noch mehr entspannen.

Entlang der Wirbelsäule: Sollte Ihr Hund jedoch kein großer Fan von Berührungen am Ohr sein, können Sie alternativ seinen ganzen Körper entlang der Wirbelsäule ausstreichen. Beginnen Sie dabei bei der Nasenspitze Ihres Vierbeiners und enden Sie am Ansatz seiner Rute. Wiederholen Sie die Streicheleinheiten beliebig oft und senken Sie damit ein zu hohes Spannungslevel Ihres Hundes.

Wenn Ihr Hund an bestimmten Krankheiten leidet, sollten Sie auf intensive Massagen verzichten. Hierzu gehören Erkrankungen wie Krebs, Probleme mit dem Herzen, Hautverletzungen und Infekte. Außerdem sind Massagen bei trächtigen Hündinnen nicht geeignet. Bei ihnen genügt sanftes Streicheln und körperliche Nähe.

Spielverhalten

Möchte der Hund seinen Gegenüber zum Spielen auffordern, verharrt er entweder in einer abgesenkten Körperhaltung oder springt ruckartig und ganz aufgeregt hin und her. Dabei sind seine Vorderbeine oftmals abgewinkelt und sein Oberkörper liegt beinahe auf dem Boden. Ist ein Hund in Spiellaune, ist der Fokus in seinen Augen erkennbar. Seine Ohren sind aufmerksam aufgerichtet und seine Mundwinkel nach oben gezogen. Außerdem wedelt er freudig mit seiner Rute und fordert seinen Gegenüber durch aufgeregtes und freudiges Bellen dazu auf, endlich mit ihm zu spielen.

Außerdem ist der permanente Rollenwechsel für das Spielverhalten von Hunden charakteristisch. Der jagende Hund wird zum gejagten und jagt anschließend wieder den anderen. Oftmals kommt es beim Spielen dazu, dass sich die Hunde gegenseitig leicht zu verletzende Körperstellen preisgeben, wodurch sie gegenseitiges Vertrauen zum Ausdruck bringen. Zudem sind Wiederholungen typisch. Auf diese Art finden Hunde heraus, wie der andere Hund reagiert. Dadurch können sich beide Hunde besser kennenlernen und die Bewegungen des jeweils anderen besser abschätzen.

Weiterhin ist die fehlende Endhandlung im Spiel typisch für Hunde. Sie mögen sich zwar gegenseitig jagen und miteinander kämpfen, jedoch endet beides meistens mit Verletzungen oder gar im Tod des einen. Kampfsignale und das Fletschen von Zähnen dienen also lediglich dem Spiel und sind von den Hunden nicht böse gemeint. Wenn ein Spiel dann doch mal ausarten sollte, kommt es zu einem wirklichen Hundestreit, in den die Besitzer eingreifen sollten.

Das Versteckspiel: Das Versteckspiel erfreut sich nicht nur unter Kindern großer Beliebtheit, denn auch Hunde lieben es, sich zu verstecken. Am besten spielen Sie das Versteckspiel gemeinsam mit Ihrem Kind. Als Ort zum Verstecken eignen sich hierfür vor allem Wiesen am Waldrand besonders gut.

Für das Versteckspiel werden zwei Personen benötigt. Eine Person (zum Beispiel Sie) passen auf den Hund auf und halten diesen fest, während die andere Person (zum Beispiel Ihr Kind) davonläuft und sich versteckt. Zu Beginn sollte die gewählte Entfernung nicht allzu weit sein. Sobald sich Ihr Kind dann versteckt hat, zum Beispiel hinter einem Baum, darf der Hund loslaufen und suchen. Sollte er Ihr Kind nicht finden, kann es den Hund mit dem Hörzeichen „Hier!" heranrufen. Wenn der Hund Ihr Kind hinter dem Baum gefunden hat, bekommt er eine leckere Belohnung.

Jagdverhalten

Grundsätzlich steckt der Jagdinstinkt in jedem Hund. Wie stark sich das Jagdverhalten des Hundes jedoch im Alltag äußert, ist von der Stärke des Jagdtriebs des Hundes abhängig. Das Jagdverhalten kann zum Beispiel beim Spazieren zum Ausdruck kommen. Der Auslöser hierfür kann ein Geräusch oder ein Geruch sein, das bzw. den der Hund als Hinweis auf eine potentielle Beute auffasst und damit seinen Jagdinstinkt auslöst. Anspannung und Nervosität, abruptes Stehenbleiben sowie übermäßiges Riechen am Boden können erste Anzeichen dafür sein, dass das Jagdverhalten eines Hundes unmittelbar einsetzen kann.

Da der Jagdinstinkt für Hunde natürlich ist, kann dieser niemals gänzlich abgestellt werden. Nichtsdestotrotz lässt sich das Jagdverhalten durch gezieltes Training kontrollieren und durch beispielsweise ein Anti-Jagd-Training mindern. Außerdem ist es wichtig, dem Hund Alternativen anzubieten. Hierfür eignen sich zum Beispiel Apportier- und Schnüffelspiele.

Apportierspiel: Zeitung bringen

Nehmen Sie sich zunächst ein Stück Papier zur Hand, das Sie zusammenrollen und vorsichtig in das Maul Ihres Hundes legen. Wenn Ihr Hund das Papier vorsichtig im Maul behält, loben Sie ihn ausgiebig. Anschließend nehmen Sie den Zettel aus dem Maul Ihres Hundes und belohnen ihn eventuell mit einem seiner Lieblingsleckerlis. Nun wiederholen Sie den Vorgang mehrfach und versuchen dabei, abzuschätzen, ob Ihr Hund schon bereit ist, das Papier für länger im Maul zu behalten.

Sobald es Ihrem Hund gelingt, das Papierstück im Maul zu behalten, ohne es kaputtzumachen oder zu Boden fallen zu lassen, sollten Sie mit Ihrem Hund einige Meter gehen. Achten Sie währenddessen darauf, dass Ihr Vierbeiner das Stück Papier die ganze Zeit im Maul behält.

Im Anschluss benötigen Sie eine helfende Hand. Stellen Sie sich einige Meter voneinander entfernt auf. Nun legt Ihr Helfer Ihrem Hund das Stück Papier ins Maul und fordert ihn anschließend dazu auf, dass er das Papier zu Ihnen bringt. Dafür kann er zum Beispiel das Kommando „Bring die Zeitung“ sagen. Währenddessen können Sie Ihren Hund ruhig zu Ihnen rufen und ihn dann, wenn er Ihnen das Papier gebracht hat, ganz ausgiebig belohnen. Achten Sie lediglich darauf, dass Sie den Abstand zu Ihrem Hund groß genug halten, damit er das Papier die ganze Zeit über im Maul behalten kann.

Nun ist es an der Zeit, dass Sie den Schwierigkeitsgrad erhöhen. Dafür erhöhen Sie den Abstand zwischen Ihnen und Ihrem Hund. Als Nächstes sollten Sie Ihren Hund für längere Zeit nicht mehr rufen, sondern ausschließlich das von Ihnen gewählte Kommando nennen, damit Ihr Hund Ihnen das Papier bringt. Sobald Ihr Hund den vorherigen Schritt verinnerlicht hat, sollten Sie sich so hinstellen, dass Ihr Hund Sie erst suchen muss. Anschließend sollte das Bringen der Zeitung für Ihren Hund kein Problem mehr sein.

Aggression & Kampfverhalten

Wenn ein Hund droht, ist seine Körpersprache eindeutig. Er knurrt, bellt und zeigt seinem Gegenüber die Zähne. Zudem stellt sich der Hund starr auf und fokussiert seinen Gegner mit seinem Blick. Er streckt seinen Körper, macht sich so groß wie möglich und stellt seine Rute auf. Je nach Entwicklung der Situation kann der Hund auch nach dem Menschen oder einem anderen Hund schnappen. Dann erwartet er von seinem Gegner, dass dieser zurückweicht.

Hunde werden nicht einfach so aggressiv. Ihre Aggressivität ist immer eine Folge von wiederholenden oder andauernden negativen Emotionen, wie Angst oder Wut. Darüber hinaus können auch Schmerzen, missglückte Sozialisation, falsche Erziehung oder Infektionskrankheiten zu aggressiven Verhaltensweisen von Hunden führen. Verhält sich ein Hund aggressiv, kann sich dieser aggressiv gegenüber anderen Hunden, seinem Besitzer, anderen Menschen, bewachten Dingen (Futter, Spielzeug) oder der Leine verhalten. Aggressives Verhalten lässt sich jedoch verhindern, wenn wir die Warnsignale des Hundes kennen und im Vorfeld auf diese reagieren. Wenn Hunde aggressiv sind, lecken sie sich die Lippen, gähnen, kauern mit eingezogener Rute oder knurren.

Kennen Sie die Ursache für das aggressive Verhalten Ihres Hundes, sorgen Sie dafür, dass sich die Situation nicht noch einmal wiederholt, und vermeiden Sie zudem den Auslöser für die Aggressionen.

Impulskontrolle: Konzentration I

Die Konzentrationsübung lehrt Ihren Hund, sich nicht durch andere Dinge ablenken zu lassen und einzig und allein darauf zu hören, worum Sie ihn bitten. Gehorsam und Selbstbeherrschung sind zwei Tugenden, die sich für Ihren Hund durch eine angemessene Belohnung auszahlen.

Geben Sie Ihrem Hund ein Hörzeichen, damit er sich hinlegt oder hinsetzt. Anschließend bitten Sie eine zweite Person, Ihren Hund abzulenken. Das kann beispielsweise durch geworfenes Futter oder einen Ball geschehen. Wenn Ihr Hund seine Position einhält, belohnen Sie ihn mit einem Leckerli.

Impulskontrolle: Konzentration II

Bitten Sie Ihren Hund, sich entweder in die Position „Sitz" oder „Platz" zu begeben. Anschließend entfernen Sie sich mit wenigen Schritten von Ihrem Hund und platzieren rechts neben sich und Ihrem Vierbeiner einen Reiz, sodass Sie, Ihr Hund und der Reiz ein Dreieck bilden. Der Reiz kann zum Beispiel Futter oder ein Spielzeug sein. Sollte Ihr Hund das Kommando „Bleib!" noch nicht beherrschen, kann eine zweite Person ihn festhalten. Nun vergrößern Sie nach und nach den Abstand. Außerdem sollten Sie mit langweiligen Reizen beginnen, damit Ihr Hund die Ablenkung leicht ignorieren kann. Zuletzt rufen Sie Ihren Hund zu sich, der nun an dem von Ihnen ausgelegten Reiz vorbeilaufen muss, ohne diesen zu fassen. Wenn Ihr Hund der Ablenkung widerstehen konnte, belohnen Sie ihn und laufen dann gemeinsam zur Ablenkung. Je nachdem, für welche Ablenkung Sie sich entschieden haben, darf Ihr Hund mit dieser dann spielen oder sie fressen.

FRAGEN ZUR VORBEREITUNG FÜR DIE THEORIEPRÜFUNG

Frage 1: Was sind Beschwichtigungssignale von Hunden?

a) Beschwichtigungssignale umfassen Handzeichen, die Hundebesitzer dafür nutzen, um ihrem Hund Kommandos beizubringen.

b) Beschwichtigungssignale werden in Form von Düften und Gerüchen eingesetzt, um dem Hund zu signalisieren, ob seine Verhaltensweisen angebracht waren oder nicht.

c) Beschwichtigungssignale sind Verhaltensweisen, die Hundebesitzer ihrem Hund entgegenbringen, zum Beispiel Streicheleinheiten oder gemeinsames Spielen.

d) Beschwichtigungssignale sind Verhaltensmuster, die dazu dienen, dass Hunde Konfliktsituationen entweder abschwächen oder diese umgehen, zum Beispiel Gähnen, langsame Bewegungen oder Abwendung.

Frage 2: Was bedeutet es, wenn sich ein Hund ablegt und einen anderen Hund, der ihm entgegenkommt, mit seinem Blick fixiert?

a) Der Hund verhält sich dem anderen Hund gegenüber unterwürfig.

b) Der Hund signalisiert dem anderen Hund, dass er Bauchschmerzen hat.

c) Der Hund möchte entweder einen ernsten oder einen spielerischen Angriff starten.

d) Der Hund teilt dem anderen Hund mit, dass er müde ist und sich etwas ausruhen möchte.

Frage 3: Hunde, die ständig mit dem Kopf schütteln, ...

a) sehnen sich danach, Beutetiere mit ihrem Maul tot zu schütteln.

b) haben möglicherweise einen Fremdkörper im Gehörgang oder eine Gehörgangsentzündung.

c) widersprechen der Meinung des Besitzers.

d) signalisieren, dass sie mehr Auslauf benötigen.

Frage 4: Sie beugen sich über einen Hund, weil Sie ihn streicheln möchten. Daraufhin duckt er sich und beginnt, zu knurren. Sie machen sich klein und strecken dem Hund Ihre Hand hin, damit er diese beschnuppern kann. Im nächsten Moment schnappt der Hund zu. Welche Ursache könnte es dafür geben?

a) Dadurch, dass Sie sich kleiner machen, signalisieren Sie dem Hund, dass Sie schwächer sind. Es ist ganz normal, dass Hunde schwächere Gegner attackieren.

b) Hunde, die auf diese Weise reagieren, wurden in der Vergangenheit häufiger körperlicher Gewalt ausgesetzt.

c) Der Hund ist verhaltensgestört.

d) Der Hund hat Ihre Geste als Bedrohung aufgefasst.

Frage 5: Wenn eine Hundegruppe einem anderen unsicheren Hund hinterherrennt und ihn in die Enge drängt, spielen die Hunde dann?

a) Ja, die Hunde wollen nur miteinander spielen.

b) Nein, das ist Mobbing.

c) Nein, das ist Beuteaggression.
d) Nein, das ist ein Kommentkampf, also eine ritualisierte Auseinandersetzung unter Hunden.

Frage 6: Welche Körperteile des Hundes lassen Aufschluss auf seine Stimmung zu?
a) Die Rutenhaltung.
b) Der Blick.
c) Die Stimmungslage des Hundes kann nicht an seiner Körperhaltung erkannt werden.
d) Es müssen immer alle Körperteile sowie die Gesamthaltung des Hundes betrachtet werden, denn nur so lässt sich erkennen, welche Stimmungslage der Hund momentan hat.

Frage 7: Wenn der Hund einen fixierenden und starren Blick hat und seine Pupillen zusammengezogen sind, ...
a) will er spielen.
b) ist er ängstlich.
c) droht er.
d) ist er müde.

Frage 8: Wenn ein Hund gähnt, kann das bedeuten, dass er ...
a) müde ist, sich in stressigen Situationen entspannen will oder beruhigend auf seinen Gegenüber wirken möchte.
b) ängstlich ist und sich aus der gegenwärtigen Situation entfernen möchte.
c) seinem Gegenüber imponieren will und dessen Aufmerksamkeit sucht.
d) das Heulen eines Wolfes nachahmt und seinem Gegenüber Angst machen möchte.

Frage 9: Eine gute Bindung zwischen einem Hund und seinem Besitzer kann man daran erkennen, dass ...
a) Besitzer und Hund miteinander schmusen.
b) Besitzer und Hund ausgelassen miteinander spielen.
c) der Besitzer seinen Hund immer dann füttert, wenn er nach einem Leckerli bettelt.

d) sich der Hund oftmals an seinem Besitzer orientiert.

Frage 10: Sind Hunde in der Lage, die menschliche Sprache zu verstehen?
a) Hunde können nur den Klang zwischen verschiedenen Wörtern unterscheiden.
b) Nein, können sie nicht. Hunde sind jedoch in der Lage, einzelne Wörter und deren Bedeutung zu lernen und wiederzuerkennen.
c) Ja, für Hunde ist es überhaupt kein Problem, unsere Sprache zu verstehen.
d) Nein, Hunde verstehen keines unserer Wörter.

Frage 11: Zur Kommunikation nutzen Hunde ...
a) nichts, weil sie nicht kommunizieren.
b) ihre Lautsprache.
c) ihre Körpersprache.
d) sowohl ihre Lautsprache als auch ihre Körpersprache.

Frage 12: Achten Hunde bei Menschen auf die Körpersprache?
a) Nein, Hunde interessiert es nicht, wie sich die Menschen verhalten.
b) Nein, Hunde achten ausschließlich auf die Worte von Menschen.
c) Nein, auch nicht dann, wenn man es ihnen beigebracht hat.
d) Ja, Hunde achten bei Menschen auf die Körpersprache.

Frage 13: Wie viel Bewegung benötigen Hunde?
a) Grundsätzlich brauchen Hunde nicht viel Bewegung, da sie Gemütlichkeit lieben.
b) Wie viel Bewegung ein Hund benötigt, ist davon abhängig, wie groß und alt er ist und wie sein Gesundheitszustand aussieht.
c) Das Bewegungsbedürfnis von Hunden ist abhängig von dem Futter, das sie fressen.
d) Hunde benötigen tendenziell wenig Bewegung, weil Bewegung ihre Gelenke schädigt.

Frage 14: Welche Anzeichen deuten darauf hin, dass ein Hund Angst hat?

a) Der Hund lässt seinen Blick über den nach oben gehaltenen Nasenrücken wandern, er zieht seine Maulwinkel stark nach hinten und bellt drohend.

b) Der Hund fixiert den Nasenrücken, der nach unten gehalten ist, zieht seine Nase kraus, die Lefzen hoch und knurrt.

c) Der Hund zieht seine Rute ein, legt seine Ohren an und legt sich auf seinen Rücken.

d) Der Hund wendet seinen Blick ab, zieht seine Lefzen hoch und hechelt dabei.

Frage 15: Welche Anzeichen deuten darauf hin, dass ein Hund sicher droht?

a) Der Hund lässt seinen Blick über den nach oben gehaltenen Nasenrücken wandern, er zieht seine Maulwinkel stark nach hinten und bellt drohend.

b) Der Hund fixiert das Gegenüber, zieht seine Nase kraus, die Lefzen hoch und knurrt.

c) Der Hund zieht seine Rute ein, legt seine Ohren an und legt sich auf seinen Rücken.

d) Der Hund wendet seinen Blick ab, zieht seine Lefzen hoch und hechelt dabei.

Frage 16: Welche Anzeichen deuten darauf hin, dass ein Hund gestresst ist?

a) Der Hund haart stark und zeigt unruhiges Verhalten.

b) Der Hund richtet seine Ohren nach vorne und zeigt Interesse an seiner Umwelt.

c) Der Hund klemmt seinen Schwanz zwischen seinen Hinterbeinen ein.

d) Der Hund bettelt vermehrt nach Futter.

Frage 17: Wenn sich ein Hund auf den Rücken legt, ...

a) möchte der Hund spielen.

b) deutet das darauf hin, dass er müde ist.

c) zeigt er unterwürfiges Verhalten und möchte am Bauch gekrault werden.

d) zeigt er dominierendes Verhalten.

Basiswissen 5 – Hundegesundheit

VITALWERTE & ALLGEMEINER EINDRUCK

Vitalwerte

Die Körpertemperatur, die Atemfrequenz, der Puls und die Schleimhäute sind allesamt sehr wichtige und nützliche Vitalwerte, die uns einen allgemeinen Eindruck von dem Gesundheitszustand unseres Vierbeiners geben können. Vitalwerte sind medizinische Indikationen, die uns detaillierte Auskunft über den körperlichen Zustand unseres Hundes geben. Dabei hängen diese unmittelbar mit lebenswichtigen Vitalfunktionen, wie der Atmung oder dem Kreislauf, zusammen. Grundsätzlich sind Vitalwerte in physikalischen Größen abbildbar. Das bedeutet, dass man sie messen, zählen, wiegen und sogar chemisch analysieren kann. Bei vielen verschiedenen Problemen oder Erkrankungen, an denen unser Hund leiden kann, kommt es entweder zu erniedrigten oder zu erhöhten Werten. Damit wir jedoch erkennen können, ob mit unserem Hund alles in Ordnung ist, müssen wir im Vorfeld erst einmal wissen, was denn eigentlich „normal“ ist.

Auch wenn es eine zuverlässige und hilfreiche Übersicht mit Durchschnittswerten der einzelnen Vitalwerte gibt, kann der individuelle Normalbereich bei jedem Hund etwas anders aussehen und von Rasse, Gewicht, Größe, Temperament und dem Trainingszustand abhängig sein. Aus diesem Grund empfiehlt es sich, die Vitalwerte des Vierbeiners regelmäßig bestimmen zu lassen und sich diese anschließend zu notieren. So könnten Sie die Vitalwerte Ihres Hundes zum Beispiel am Anfang jeden Monats sowohl morgens als auch abends messen, insofern Ihr Hund entspannt und natürlich gesund ist. Dadurch erhalten Sie einen guten und verlässlichen Eindruck davon, was für Ihren Vierbeiner normal ist. Nichtsdestotrotz sollten die Vitalwerte des individuellen Normalbereichs Ihres

Hundes einigermaßen mit denen des angegebenen Durchschnittswertes übereinstimmen.

Herzfrequenz/Puls: Den Puls Ihres Hundes messen Sie an seiner Beinschlagader der Innenschenkel, wobei eine beidseitige Messung möglich ist. Dafür sollte Ihr Hund entspannt sein. Zählen Sie für 15 Sekunden lang den Puls Ihres Hundes und multiplizieren Sie das Ergebnis anschließend mit vier. Das Endergebnis repräsentiert dann die Anzahl der Herzschläge Ihres Hundes pro Minute.

- große Hunde: 80 bis 100 Herzschläge pro Minute
- kleine Hunde: 100 bis 120 Herzschläge pro Minute
- Welpen: bis ca. 210 Herzschläge pro Minute
- potentielle Gründe für eine Abweichung: Alter, Temperatur, Herz-/Lungenerkrankungen, Sport, Erregung

Atemfrequenz: Prüfen Sie zunächst visuell, ob sich der Brustkorb Ihres Hundes hebt und anschließend wieder senkt. Wenn Sie keine Hebung bzw. Senkung erkennen können, legen Sie Ihre Handfläche vorsichtig auf den Brustkorb Ihres Vierbeiners, um die Atemfrequenz zu erfühlen. Wenn Sie nichts fühlen können, halten Sie Ihre angefeuchtete Hand vor die Nase Ihres Hundes. Nun zählen Sie seine Atemzüge für eine Minute lang mit, wobei Sie Hecheln nicht mitzählen, da Hecheln nicht zur Atmung gehört.

- durchschnittliche Atemfrequenz: 10 bis 30 Atemzüge pro Minute
- Abweichungen: schwere oder oberflächliche Atmung, verlangsamte bzw. erhöhte Atemfrequenz, Geräusche

Temperatur: Die Temperatur eines Hundes wird in seinem After gemessen, wobei Sie für die Messung unbedingt Vaseline verwenden sollten. Die Körpertemperatur kann in jedem Fall, in Abhängigkeit von Größe und Alter Ihres Hundes, variieren. Bei größeren und älteren Hunden liegt diese eher im unteren Bereich, wohingegen sie bei jüngeren und kleineren Hunden tendenziell eher im oberen Bereich liegt.

- erwachsene Hunde: 38,0 °C bis 39,0 °C
- Welpen: bis 39,5 °C -> erhöhte Temperatur in Ordnung, wenn sie keine weiteren Krankheitszeichen aufweisen und grundsätzlich fit sind

37,5 °C	38,0 °C - 39 °C	39 °C – 40 °C	40 °C - 41 °C	ab 41,1 °C	ab 42 °C
Unterkühlung	Normal	Fieber oder nach Aufregung oder Sport	hohes Fieber	Lebensgefahr, wenn das Fieber langanhaltend ist	Fieber, das akut lebensbedrohlich ist

Schleimhäute: Zur Untersuchung der Schleimhäute suchen Sie sich zunächst eine unpigmentierte Stelle im Mund, zum Beispiel das Zahnfleisch oder die Lippen. Eine gesunde Schleimhaut hat eine zarte, rosa Farbe, glänzt und ist feucht.

Kapillare Füllungszeit: Nun drücken Sie Ihre Finger kurz in die Schleimhaut Ihres Hundes, wodurch Sie Blut aus den Kapillaren drücken. Anschließend nehmen Sie Ihre Finger weg und beobachten die Stelle, die anfänglich weiß sein wird, da kein Blut darin enthalten ist. Nach etwa *zwei Sekunden* sollte diese Stelle jedoch schön rosa sein. Wenn dem nicht so sein sollte, bedeuten folgende Farben die nachfolgenden Dinge:

- Dunkelrot: Fieber, Blutvergiftung, eventuell eine Infektionskrankheit
- Gelblich: Bluterkrankung, Infektionskrankheit, Leber- oder Gallenprobleme
- Bläulich: Sauerstoffmangel
- Grau: Vergiftung
- Blass: Kreislaufschwäche, Blutarmut, Schock
- Trocken bzw. klebrig: Flüssigkeitsverlust

Insofern eine dieser Abweichungen auftritt, zögern Sie nicht und suchen Sie umgehend Ihren Tierarzt auf.

Überprüfung des Flüssigkeitshaushaltes: Um den Flüssigkeitshaushalt Ihres Hundes zu überprüfen, ziehen Sie im Schulter-Nacken-Bereich die Haut einer Falte hoch. Anschließend lassen Sie diese Falte los, die sich daraufhin sofort zurückbilden sollte. Wenn sie sich nicht sofort zurückbildet, ist Ihr Hund dehydriert. Sollte sich die Falte etwas langsamer legen, achten Sie darauf, dass Ihr Hund viel trinkt. Wenn sich die Falte jedoch nur sehr langsam oder vielleicht sogar gar nicht legt, suchen Sie einen Tierarzt auf, da Ihr Hund eine Infusion benötigt.

Trinkwasserbedarf: In der Regel sollte ein Hund, der 10 kg wiegt, etwa 600 ml Flüssigkeit pro Tag zu sich nehmen. Ein Hund, der ein Körpergewicht von 20 kg hat, benötigt somit also eine Flüssigkeitszufuhr von ca. 1200 ml pro Tag. Wichtig ist, dass Ihr Hund zu jeder Zeit so viel trinken kann, wie er möchte.

Schock-Symptome: Die folgenden Schock-Symptome können bei Ihrem Hund entweder einzeln oder aber in Kombination miteinander auftreten und dabei unterschiedlich stark ausgeprägt sein:

- geschwächter, apathischer Eindruck
- kühle Ohren, Pfoten und kühles Schwanzende
- beschleunigter, unregelmäßiger und oberflächlicher Herzschlag
- unsichere Bewegungen, Gang ist taumelig bis hin zum kompletten Zusammenbruch
- Ihr Hund zittert und es wirkt, als wenn er frieren würde
- blasse Schleimhäute, verzögerte Kapillarfüllzeit

Besteht der Verdacht auf eines oder mehrere dieser Symptome, sollten Sie sofort Ihren Tierarzt aufsuchen.

Symptome bei Vergiftungen: Je nach Konzentration und Gift können Vergiftungssymptome vielfältig und unterschiedlich stark auftreten.

- Symptome: Durchfall, Krämpfe, Unruhe, Erbrechen (Erbrochenes kann schaumige Konsistenz haben), Atembeschwerden, Blut im Urin oder im Stuhlgang, unregelmäßiger Herzschlag, blasses Zahnfleisch, ungewöhnliche Größe der Pupillen
- Schmerzsymptome: Muskelzittern, Bewusstlosigkeit, Apathie, Lähmungserscheinungen, Katzenbuckel, steigende Körpertemperatur

Besteht Verdacht auf eines oder mehrere dieser Symptome, sollten Sie sofort Ihren Tierarzt aufsuchen. Achten Sie zudem darauf, dass sich Ihr Hund nicht mehr bewegt. Stellen Sie ihn ruhig und tragen Sie ihn, damit sich das Gift weniger verteilen kann. Außerdem kann es in der Regel innerhalb von zwei Stunden zum Erbrechen kommen.

Was Ihr Tierarzt wissen muss:

- Welches Gift hat Ihr Hund gefressen und wann?
- Wie viel von dem Gift hat Ihr Hund gefressen?
- Welche Symptome und Verhaltensauffälligkeiten zeigt Ihr Hund?

Die Vitalwerte meines Hundes

Jetzt sind Sie an der Reihe, die Vitalwerte Ihres Hundes regelmäßig zu überprüfen und in der untenstehenden Tabelle zu notieren. Sie können die Überprüfung jeden oder jeden zweiten Monat wiederholen und im Notfall sofort erkennen, wenn die Vitalwerte Ihres Vierbeiners abweichen.

Vitalfunktion	Datum	Messwert	Anmerkung
Herz/Puls			
Atmung			
Temperatur			
Schleimhäute			
Kapillare Füllungszeit			
Flüssigkeitshaushalt, Hautelastizität			
Bewusstsein, Ansprechbarkeit			
Trinkwasserbedarf			

Gebiss

Welpen werden ohne Zähne geboren. Genau wie bei uns Menschen bricht auch bei ihnen zuerst das Milchgebiss durch und wird im Laufe des Lebens durch ein Erwachsenengebiss ersetzt. In der Regel kommen die ersten Milchzähne durch, wenn die Welpen drei Wochen alt sind. Dann benötigen die Hundejungen ihre Zähne, um feste Nahrung kauen zu können. In dieser Zeit müssen die Welpen lernen, wie sie ihre Zähne benutzen. So müssen sie zum Beispiel lernen, wie hart sie beißen können, was sie oftmals an ihren Wurfgeschwistern üben. Außerdem nutzen Welpen ihre Zähne, um Dinge zu ertasten und zu untersuchen.

Zwischen der 13. und der 21. Lebenswoche beginnt schließlich der Zahnwechsel. Als Erstes wechseln die Schneidezähne. Anschließend folgen die Eckzähne bzw. die Fangzähne und die Backenzähne, die Prämoralen und die Moralen. Im Alter von etwa 7 Monaten haben die meisten Welpen dann alle ihre Zähne gewechselt. Es hängt jedoch von der Hunderasse sowie der Größe der Rasse ab, in welchem Alter ein Welpe zu zahnen beginnt. In der Regel zahnen große Rassen früher als kleinere.

	Durchbruch vom Milchgebiss	**Zahnwechsel**
Schneidezähne	zwischen 3 bis 4 Wochen	3 bis 5 Monate
Fangzähne	zwischen 3 bis 5 Wochen	5 bis 7 Monate
Prämolaren	zwischen 4 bis 12 Wochen	4 bis 6 Monate
Moralen	-	4 bis 7 Monate

Während der Welpe 28 Zähne hat, besteht ein erwachsenes Hundegebiss aus insgesamt 42 Elementen:

- 12 Schneidezähne: 6 Schneidezähne im Oberkiefer und 6 Schneidezähne im Unterkiefer
- 4 Fangzähne: 2 Fangzähne im Oberkiefer und 2 Fangzähne im Unterkiefer
- 16 Prämoralen: 8 Prämoralen im Oberkiefer und 8 Prämoralen im Unterkiefer
- 10 Molaren: 4 Molaren im Oberkiefer und 6 Molaren im Unterkiefer

Durch Züchtung haben sich im Laufe der Jahre rassespezifische Veränderungen des Kiefers sowie des Kopfes bei Hunden herausgebildet. Zudem haben einige Hunde Fehlstellungen im Kiefer, die bei manchen Hunderassen jedoch gewollt sind. Im Kontext vom Hundegebiss spricht man häufig von einem Scherengebiss, einem Zangengebiss, einem Vorbiss und einem Rückbiss.

Bei Hunden, die ein **Scherengebiss** haben, liegen die sich im Oberkiefer befindenden Schneidezähne etwas über den Schneidezähnen des Unterkiefers. Bei der Mehrheit der Hunderassen ist das Scherengebiss das gewünschte Gebiss. Im Gegensatz dazu überragen die oberen Schneidezähne beim **Zangengebiss** die unteren nicht. Vielmehr liegen sie direkt auf ihnen, wodurch Reibung entsteht, die oftmals zu einer stärkeren Abnutzung der Zähne im Alter führt.

Beim **Vorbiss** handelt es sich um eine Kieferfehlstellung, da der Oberkiefer etwas kürzer als der Unterkiefer ist. Infolgedessen entsteht der typische Gesichtsausdruck, der bei Rassen wie dem Mops oder dem Boxer gewünscht ist. Eine solche Kieferstellung würde den Hund bei einer Rasse wie dem Schäferhund jedoch grundlegend von der Züchtung ausschließen. Beim **Rückbiss** hingegen ist der Oberkiefer etwas länger als der Unterkiefer und es handelt sich ebenfalls um eine Fehlentwicklung bzw. um eine Fehlstellung des Kiefers.

Da Hunde schon immer Fleischfresser waren, besitzen sie ein Gebiss, das über Schneidezähne verfügt, die das Fleisch von den Knochen nagen können. Darüber hinaus nutzen Hunde ihre Schneidezähne für die Körperpflege und entfernen damit etwa Zecken vom Körper. Ihre spitzen und langen Fangzähne helfen ihnen, ihre Beute zu packen und festzuhalten und das Fleisch aus der Beute zu reißen. Darüber hinaus hat das erwachsene Hundegebiss zwei verschiedene Arten von Backenzähnen, die Prämolaren (vordere Backenzähne) und die Molaren (hintere

Backenzähne), die im Milchgebiss nicht vorhanden sind. Ihre spitzen und mit hartem Zahnschmelz überzogenen Prämolaren nutzen Hunde zum Kauen sowie zum Zerkleinern von Nahrung, wohingegen sie ihre Molaren zum Zerkauen von sehr harter Nahrung gebrauchen. Genau wie bei unseren menschlichen Zähnen ist es wichtig, auch die Zähne unseres Hundes zu pflegen. Die beste Art und Weise, um ein Hundegebiss zu pflegen, ist dabei, die Zähne eines Hundes regelmäßig zu putzen.

Die Sinne des Hundes

Die Sinne eines Hundes sind ein wahres Wunder. Sie helfen ihnen, sich zu orientieren, Menschen und Dinge an ihrem Geruch zu erkennen und hohe Laute zu hören. Während das Auge das wohl wichtigste Sinnesorgan für den Menschen ist, nimmt der Hund die Welt durch seine Nase wahr. Denn diese hilft ihm, zu entdecken, zu entschlüsseln und seine Umwelt zu erleben. Die Nase ist für den Hund eine wahre Informationszentrale, eine Warnanlage und ein Fernrohr auf einmal. Doch Hunde können nicht nur viel besser als wir Menschen riechen, sondern die erschnupperten Sinneseindrücke auch viel differenzierter analysieren.

So können Hunde riechen, ob wir wütend sind oder Angst verspüren. Sie erkennen, wie alt eine Fährte ist, welche Botschaft ihnen andere Vierbeiner vermitteln wollen und was unter einer dichten Schneedecke begraben liegt. Dabei spielt es für sie überhaupt keine Rolle, ob sie die Geräusche in der Luft oder aber am Boden wahrnehmen.

Neben dem **Geruchssinn** zählt auch das **Hörvermögen** von Hunden zu den Sinnen, die bei uns Menschen wesentlich schlechter ausgebildet sind. Allein zur Bewegung ihrer Ohren stehen Hunden 17 verschiedene Muskeln zur Verfügung. Die Hunderassen, die über natürliche Stehohren verfügen, können ihre Ohren dadurch sogar als Art Radarschirm einsetzen, um unterschiedliche Geräusche zu orten.

Doch Hunde sind uns Menschen nicht nur bei den anatomischen Gegebenheiten ihrer Ohren überlegen, sondern auch bei der Schwingungsaufnahme. Schafft das menschliche Ohr nur eine Frequenz von etwa 20.000 Hertz, können Hundeohren die doppelte Frequenz wahrnehmen. Aus diesem Grund funktioniert die hochfrequente Hundepfeife auch so wunderbar. Genauso wie bei ihren Fähigkeiten im Riechen können die Vierbeiner auch beim Hören besser differenzieren als Menschen. So sind sie etwa in der Lage, Motorengeräusche wie Autoexperten zu unterscheiden und Schritte in weiteren Distanzen zu erkennen.

Im Gegensatz zum Geruchs- und Hörvermögen spielt der **Geschmackssinn** bei Hunden eine untergeordnete Rolle. Die Zunge eines Hundes übernimmt zwei wichtige Funktionen. Aufgrund ihrer besonderen Beweglichkeit dient sie zum einen als Flüssigkeitsaufnahme. Zum anderen sorgt der Vierbeiner durch Hecheln selbst für Abkühlung, indem er verdunstetes Wasser über seine Zunge abgibt. Selbstverständlich schmecken Hunde auch, was jedoch enger mit ihrem Geruchssinn in Verbindung steht. Denn wenn das Futter für den Hund nicht gut riecht, setzt er seinen Geschmackssinn meistens erst gar nicht ein.

Auch dem **Tastsinn** kommt nur eine untergeordnete Rolle zu, denn die Schnurbarthaare eines Hundes können mit der Funktion von beispielsweise den Schnurrhaaren einer Katze lange nicht mithalten. Die Schnurbarthaare von Hunden sind zwar mit empfindlichen Nervenzellen in der Haut gekoppelt, weshalb Hunde quasi tasten können, jedoch ist dieser Hundesinn trotzdem nicht von großer Bedeutung.

In Bezug auf das **Sehvermögen** sind Hunde im direkten Vergleich mit Menschen im Nachteil, da sie auf Distanz nicht gut sehen und auch die Objekte in der Nähe nicht schnell scharf stellen können. Es gibt jedoch auch einige Ausnahmen. Aufgrund ihres schmalen Kopfes besitzen beispielsweise Windhunde einen sehr großen Blickwinkel von bis zu 270° und können deshalb sogar nach hinten sehen.

Grundsätzlich ist die optische Wahrnehmung von Hunden auf Bewegungen ausgerichtet, auf die sie beinahe automatisch und dementsprechend schnell reagieren können. Und ihre fehlende Weitsichtigkeit können sie bei gut stehendem Wind ganz einfach durch ihre super Spürnase wettmachen.

Das wirklich Erstaunliche sind jedoch nicht nur die einzelnen Sinne eines Hundes für sich genommen, sondern ihr **Zusammenspiel**. Oftmals hat es den Anschein, als wenn Tiere noch über einen siebten Sinn verfügen würden, der als Frühwarnsystem für Naturkatastrophen fungiert. Denn manchmal gibt es Dinge, die für Tiere so selbstverständlich sind, dass sie für uns Menschen fast an Zauberei grenzen.

HUNDEKRANKHEITEN

Leider bleiben auch Hunde nicht vor Krankheiten verschont, wobei Hundekrankheiten oftmals Alterserscheinungen sind, da die durchschnittliche Lebenserwartung von Hunden in den letzten Jahren deutlich angestiegen ist. Dabei gibt es einige Hundeerkrankungen, die bei bestimmten Rassen bzw. bei Rassen, die spezielle Merkmale haben, gehäuft auftreten. Viel Bewegung, gesunde Ernährung, allgemeine Pflege und regelmäßige Impfungen können vielen Hundekrankheiten vorbeugen. Um die Krankheiten jedoch frühzeitig erkennen zu können, ist es außerdem wichtig, dass wir unseren Hund regelmäßig zum Tierarzt bringen, damit dieser Vorsorgeuntersuchungen durchführen kann. Viele Krankheiten, die für Hunde typisch sind, ähneln denen der Menschen. So leiden Hunde besonders häufig an Hals-Nasen-Ohren-, Augen-, Magen-Darm- oder Organerkrankungen, unter Parasiten oder haben eine Tumor. Da auch kleinere Beschwerden auf gefährliche Krankheiten mit schwerem Verlauf hindeuten können, sollten Sie das Verhalten Ihres Hundes immer aufmerksam beobachten. Zudem tragen regelmäßige Vorsorgeuntersuchungen sowie wichtige Impfungen dazu bei, dass schwere Hundekrankheiten vermieden werden können. Einige Hundekrankheiten sind nicht nur ansteckend, sondern können für Ihren Vierbeiner auch tödlich enden.

Allergien

Warum und zu welchem Zeitpunkt ein Hund eine Allergie entwickelt, lässt sich nicht immer voraussagen. Zum einen können Allergien durch Parasiten wie Flöhe oder Milben ausgelöst werden. Zum anderen kann aber auch ein bestimmtes Futter zu allergischen Reaktionen beim Vierbeiner führen und etwa Juckreiz, Haarausfall oder Hautausschläge hervorrufen. Im Gegensatz zu Menschen entwickeln Hunde bei allergischen Reaktionen jedoch keine Atemwegsprobleme. So äußert sich Heuschnupfen bei ihnen etwa in Form von Hautjucken.

Arthrose

Arthrose beim Hund ist eine chronische Erkrankung der Gelenke, die unter anderem aufgrund von übermäßigem Verschleiß oder einer Fehlstellung der Gliedmaßen droht. Besonders häufig betroffen sind dabei die Hüften, die Ellbogen sowie die Sprunggelenke der Hunde. Typische Symptome der Krankheit sind Lahmheit, Bewegungsunlust sowie Schwierigkeiten beim Aufstehen.

Bandscheibenvorfall

Insbesondere kleinere Hunde leiden oftmals an einem Bandscheibenvorfall, bei dem der sogenannte Gallertkern einer Bandscheibe durch den Faserring bricht. Drückt dieser Gallertkern auf die Nerven, können starke Schmerzen die Folge sein. Aufgrund ihres langen Rückens sind beispielsweise Dackel für Bandscheibenvorfälle prädestiniert. Die sogenannte Dackellähme kommt jedoch bei allen Hunderassen vor.

Bandwürmer

Bandwürmer zählen zu den Parasiten, die ihren Wirt oftmals symptomlos befallen. Wenn sich ein Hund mit Bandwürmern infiziert hat, scheidet er die infektiösen Würmer erst nach einigen Wochen aus und kann damit auch andere Hunde anstecken. Grundsätzlich infizieren sich Hunde oral mit Bandwürmern, indem sie ihre infizierten Zwischenwirte aufnehmen. Je nach Wurmart können diese Zwischenwirte Flöhe, Nagetiere oder rohes Fleisch sein. In den meisten Fällen verläuft eine Bandwurminfektion vollkommen ohne, nur mit geringen oder sehr unspezifischen Symptomen, weshalb ein Befall oftmals erst spät erkannt wird. Nichtsdestotrotz können Juckreiz am Anus, Appetitlosigkeit, Durchfall, Erbrechen oder Verstopfung potentielle Anzeichen eines Wurmbefalls sein.

Bauchspeicheldrüsenentzündung

Eine Bauchspeicheldrüsenentzündung, die auch unter dem Terminus Pankreatitis bekannt ist, kann akut oder chronisch bei Hunden auftreten. Ein besonders schwerer Verlauf kann dabei zur Schädigung von mehreren Organen führen. Obwohl es keine eindeutige Ursache für die Krankheit gibt, erhöhen Faktoren wie Durchblutungsstörungen, eine fettreiche Ernährungsweise oder Diabetes die Wahrscheinlichkeit, an einer Bauchspeicheldrüsenentzündung zu erkranken. Die Symptome der Krankheit sind zumeist unspezifisch, wobei folgende Anzeichen auf einen schweren Verlauf hindeuten können: Erbrechen, Fieber, Appetitlosigkeit, Durchfall und Schwäche. Eine Bauchspeicheldrüsenentzündung geht darüber hinaus meistens mit einer signifikanten Änderung der Blutwerte einher, weshalb eine Blutuntersuchung immer ein geeigneter Indikator zur Diagnose ist.

Bindehautentzündung

Zu einer der am häufigsten auftretenden Augenerkrankungen bei Hunden zählt die Bindehautentzündung, die entweder durch Krankheitserreger oder durch äußere Reize ausgelöst wird. Hierbei sind etwa Fremdkörper, Viren, Bakterien,

Zugluft oder Parasiten im Auge zu nennen. Bindehautentzündungen sind oftmals genetisch bedingt und können mit den folgenden Symptomen einhergehen: Schwellungen, Juckreiz, gerötete Augen, verstärkter Tränenfluss und häufiges Blinzeln. Um eine passende Therapie auszuwählen, muss der Tierarzt im Vorfeld die exakte Diagnose stellen.

Borreliose

Borreliose ist eine durch Zecken übertragene Infektionskrankheit, die beim Hund sogar tödlich enden kann, wenn sie unerkannt und damit auch unbehandelt bleibt. Infolge eines Zeckenbisses wird die Borreliose auf den Hund übertragen, woraufhin es zu Entzündungen im gesamten Körper kommt. Erste Anzeichen für eine Borreliose sind Rötungen auf der Haut des Hundes. Im weiteren Verlauf kann es außerdem zu Fieber, Entzündungen an der Bissstelle, Appetitlosigkeit sowie Gelenk- und Muskelschmerzen kommen. Schreitet die Krankheit unbemerkt voran, kann es im schlimmsten Fall zu Nierenentzündungen oder Lähmungen kommen. Auf die Schmerzen des Hundes folgen zudem Bewegungsunlust und sogar Verhaltensveränderungen.

Gewichtsprobleme

Übergewicht ist unter Hunden weiter verbreitet als Abmagerung. In der Folge leiden Hunde oftmals unter Herz-Kreislauf-Problemen oder unter Erkrankungen wie Diabetes mellitus. Da Hunde grundsätzlich nicht aufhören, zu fressen, wenn ihnen ihre Besitzer immer wieder Futter hinstellen, müssen diese auf eine gesunde und ausgewogene Ernährung sowie ausreichende und regelmäßige Bewegung ihres Vierbeiners achten.

Grauer Star

Der Graue Star ist eine der häufigsten Krankheiten, an denen Hunde im Alter erkranken. Die Augenerkrankung kann durch die operative Entfernung der getrübten Linse behandelt werden, wobei die Entscheidung für eine Operation gut durchdacht werden muss. Viele Hunde können mit ihren anderen Sinnen sehr gut leben, da diese viel besser als unsere menschlichen Sinne ausgeprägt sind. So riechen und hören Hunde beispielsweise viel besser als wir, weshalb ihre Augen nicht ihr primäres Sinnesorgan sind.

Hautausschläge

Eine Vielzahl von Hunden leidet unter empfindlicher Haut, weshalb insbesondere Hautentzündungen, die durch allergische Reaktionen verursacht werden, ein weit verbreitetes Problem unter Vierbeinern sind. Die Ursache hierfür liegt oftmals im Kontakt mit allergieauslösenden Stoffen oder aber mit einem Ektoparasitenbefall – also auf der Oberfläche des Wirtes lebende Parasiten – begründet. Weiterhin kann auch mangelnde Fellpflege eine Ursache für Hautausschläge bei Hunden sein.

Hüftgelenk-Dysplasie

Die Hüftgelenk-Dysplasie ist eine orthopädische Hundeerkrankung, die oftmals bei größeren Rassen auftritt. Diese Fehlstellung im Hüftgelenk kann bei den Hunden zu Bewegungseinschränkungen und starken Schmerzen führen.

Kreuzbandriss

Weiterhin können Hunde manchmal unter einem Kreuzbandriss leiden, zu dem es oftmals durch eine zunehmende Abnutzung vom vorderen Kreuzband kommt. Bevor das Band also endgültig reißt, ist es bereits deutlich angegriffen. Hunde, die unter einem Kreuzbandriss leiden, können ihr Bein oftmals nicht mehr richtig aufsetzen, nehmen eine komische Sitzhaltung ein oder lahmen sichtbar. Vor allem schwere bzw. übergewichtige Hunde sind besonders häufig von einem Kreuzbandriss betroffen.

Magen-Darm-Erkrankungen

Typische Symptome von Hundekrankheiten, die den Magen-Darm-Trakt der Vierbeiner betreffen, sind Durchfall, Erbrechen oder Verstopfungen. Da Hunde Allesfresser sind, kommt es oftmals vor, dass sie das, was sie fressen, nicht vertragen oder es für sie sogar schädlich ist. Darüber hinaus können Magen-Darm-Probleme auch durch Parasiten ausgelöst werden. Vereinzelt können Hunde auch unter einer sogenannten Magendrehung leiden. Eine Magendrehung ist ein akuter Notfall, der umgehend operativ vom Tierarzt behandelt werden muss. Typische Symptome einer Magendrehung sind etwa ein aufgeblähter Bauch, Atemnot, ein gekrümmter Rücken, vermehrter Würgereiz und starke Unruhe.

Morbus Addison

Bei Morbus Addison kommt es durch eine Unterfunktion der Nebennieren zu einer verminderten Hormonproduktion. Die häufigste Ursache für diese Krankheit, die beim Hund relativ selten vorkommt, ist eine Störung des Immunsystems. Darüber hinaus gibt es eine Menge vielfältiger Symptome, die auf Morbus Addison hindeuten könnten. Hierzu zählen unter anderem Gewichtsverlust, Müdigkeit,

Erbrechen, Durchfall und verminderter Appetit und Durst. Bei Verdacht auf Erkrankung ist ein Routine-Bluttest beim Hund immer eine gute Entscheidung.

Ohrenentzündung

Die Otitis zählt zu den am häufigsten auftretenden Krankheiten bei Hunden. Hierbei kommt es – aufgrund von Bakterien, Parasiten oder Pilzen – zu Entzündungen in den Ohren der Vierbeiner. Daraufhin bildet sich im Innenohr eine dunkelbraune Masse, die einen unangenehmen Geruch absondert.

Parasiten

Besonders anfällig sind Hunde für Zecken, Würmer, Flöhe und Milben, wobei die Parasiten für Hunde nicht lebensgefährlich sind. Nichtsdestotrotz können sie gefährliche Krankheiten, wie beispielsweise Borreliose, übertragen. Oftmals sind Flöhe Überträger von Bandwürmern. Darmparasiten können andere Krankheiten, wie Giardien, verursachen und Milben-, Zecken- oder Flohbefall äußert sich zumeist in Form von Hautausschlägen. Nicht selten können solche Infektionen zu Erbrechen oder zum Durchfall beim Hund führen.

Spondylose

Die Spondylose, bei der es zu einer degenerativen Abnutzung der Wirbelsäule kommt, ist bei Hunden oftmals genetisch bedingt, kann jedoch auch aufgrund einer Überlastung entstehen. Die Symptome der Krankheit kommen häufig erst dann zum Vorschein, wenn die Elastizität der Bandscheiben sowie der Bänder bereits stark nachgelassen hat. Charakteristische Anzeichen einer Spondylose beim Hund sind Abgeschlagenheit, empfindliche Reaktionen infolge von Berührungen am Rücken sowie Beschwerden beim Laufen, Aufstehen und dem Steigen von Treppen.

Tumor

Leider sind auch Tumorerkrankungen bei Hunden keine Seltenheit. In der Regel leidet sogar einer von vier Hunden in seinem Leben unter einem Tumor. Doch wenn die Krankheit frühzeitig erkannt wird, können die meisten Vierbeiner gerettet werden, da viele Tumore operabel sind. Gewichtsverlust, Schwellungen, Appetitlosigkeit und mangelnde Ausdauer sind erste Anzeichen, die auf eine Tumorerkrankung beim Hund hindeuten könnten.

Zähne

Auch Hunde können, ohne die richtige Zahnpflege, unter Zahnproblemen leiden. Es gibt zwar spezielle, eine Prophylaxe versprechende Kauknochen und Kausnacks, jedoch enthalten diese oftmals sehr viel Zucker, was in der Folge wiederum zu Übergewicht führen kann. In jedem Fall werden Hundebesitzer nicht um das Zähneputzen mit einer Zahnbürste herumkommen.

Zwingerhusten

Der Zwingerhusten bei Hunden ist eine ansteckende Infektion der oberen Atemwege, die durch Viren oder Bakterien übertragen wird. Wenn ein Hund unter Zwingerhusten leidet, hat der Hund Fieber. Außerdem läuft seine Nase und seine Augen tränen vermehrt oder aber der Hund hustet sehr häufig, wobei der Husten beinahe krampfartig ist.

GESUNDHEITSVORSORGE

Routineuntersuchung

Routineuntersuchungen und regelmäßige Check-ups sind für alle Hunde jeden Alters wichtig und sinnvoll, denn nur gesunde Hunde sind auch glückliche Hunde. Bei Routineuntersuchungen erfragt Ihr Tierarzt zuerst die sogenannte **Anamnese**, bei der er Informationen zum allgemeinen Trink- und Fressverhalten Ihres Hundes einholt und Ihnen Fragen zum Urin- und Kotabsatz stellt und wissen möchte, wie fit Ihr Hund ist, wie er sich bewegt, ob und, wenn ja, welche Veränderungen bzw. Auffälligkeiten im Verhalten bestehen oder ob Ihr Hund eventuell unter Juckreiz leidet. Das Gespräch zur Anamnese ist ein sehr wichtiger Bestandteil jeder Vorsorgeuntersuchung. Bei der **klinischen Untersuchung** legt Ihr Tierarzt dann Hand an. Durch gezielte Griffe kontrolliert dieser etwa die Schleimhäute, die Augen, die Ohren sowie die Zähne Ihres Hundes. Darüber hinaus tastet er die Lymphknoten und den Bauch ab, kontrolliert den Puls und untersucht die Hoden bzw. das Gesäuge sowie die Haut Ihres Hundes auf eventuelle Tumore. Zudem hört er sowohl Herz als auch Lunge ab. Die Ergebnisse der klinischen Untersuchung sowie der Anamnese ergeben dann in der Summe bereits einen guten Eindruck vom allgemeinen Gesundheitszustand Ihres Vierbeiners. Sollten sich aus diesen beiden Untersuchungen Verdachtsmomente ergeben, sind weitere gezielte Untersuchungen sinnvoll. Berichtet der Besitzer etwa, dass sein Hund mehr trinkt, führt der Tierarzt in der Regel eine Blutkontrolle oder bei auffälligen Herzgeräuschen eine Herzultraschalluntersuchung durch. Da bestimmte Erkrankungen mit zunehmendem Alter beim Hund umso wahrscheinlicher werden, wartet man im höheren Lebensalter nicht mehr ab, bis Symptome bei der Routineuntersuchung auftreten. Stattdessen werden bestimmte Organe, die oftmals Probleme machen, bei älteren Hunden zusätzlich zur Routineuntersuchung gezielt begutachtet. In der Regel wird dabei ab einem Alter von etwa sieben Jahren von einem höheren Lebensalter gesprochen. Darüber hinaus gilt: je größer der Hund ist, desto früher.

Blutuntersuchung

Ab einem Alter von sieben Jahren ist zudem eine jährlich stattfindende Blutuntersuchung sinnvoll. Hierbei wird zuerst ein Blutbild erstellt, die Organwerte des Hundes werden angeschaut und es wird überprüft, ob die Organe noch alle ausreichend gut arbeiten. Weiterhin prüft der Tierarzt, ob Hormonstörungen bestehen oder ob es Anzeichen für Infektionen oder Entzündungen gibt. Damit eine Blutuntersuchung durchgeführt werden kann, muss der Hund kurz stillhalten. Anschließend gibt es einen kleinen Pieks, den die meisten Hunde jedoch nicht bemerken. Als Belohnung warten dann viele Leckerlis auf den Vierbeiner, bevor die Befunde besprochen werden.

Herzuntersuchung

Das Herz ist ein weiteres Verschleißteil, das bei Hunden getestet werden muss, wobei nicht jede Erkrankung am Herzen durch Abhören festgestellt werden kann. Zudem ist das Herz ein Muskel, der Herzerkrankungen durch Muskelwachstum lange kompensieren kann. Aus diesem Grund treten Symptome erst dann auf, wenn der Herzmuskel bereits irreversible Schäden davongetragen hat.

Durchschnittlich leiden rund 25 % aller Seniorenhunde im Alter von 9 bis 12 Jahren an einer Herzklappenerkrankung, wobei kleine Hunderassen sogar noch häufiger betroffen sind. Aktuelle Studien legen nahe, dass Hunde, die an einer Herzklappenerkrankung leiden, die Zeit, die sie symptomfrei leben können, durch eine rechtzeitige Behandlung mit Medikamenten um durchschnittlich 15 Monate verlängern können. Deshalb ist eine frühzeitige Diagnose auch umso wichtiger. Große Hunderassen leiden oftmals an einer anderen Herzerkrankung, der sogenannten dilatativen Cardiomyopathie (DCM). Unerkannt kann diese Herzerkrankung zum plötzlichen Herztod führen. Leider kann eine DCM nicht durch Abhören diagnostiziert werden, da sich Herzerkrankungen nur durch eine Ultraschalluntersuchung des Herzens sicher feststellen lassen. Zum Glück sind

Herzultraschalluntersuchungen vollkommen schmerzfrei und der zu untersuchende Hund muss lediglich für einige Minuten auf der Seite liegen.

Bauchuntersuchung

Darüber hinaus werden Hunde bei jeder Routineuntersuchung äußerlich auf Zubildungen abgetastet, die tumorverdächtig sind. Denn leider sind Hunde relativ anfällig für Krebs, der die Haupttodesursache bei Vierbeinern ist. Dabei schenkt der Tierarzt den Lymphknoten, dem Gesäuge, den Hoden sowie der Haut besondere Beachtung. Die Wahrscheinlichkeit eines Tumorwachstums steigt mit dem Alter jedoch nicht nur äußerlich, sondern auch innerlich an. Aus diesem Grund ist es sinnvoll, zusätzlich zur Routineuntersuchung auch eine Bauchultraschalluntersuchung machen zu lassen, da Veränderungen nur auf diesem Wege möglichst frühzeitig erkannt werden können. So können Tierärzte bei einer Bauchultraschalluntersuchung neben tumorösen Veränderungen auch andere Veränderungen der inneren Organe erkennen. Rund 40 % aller Bauchtumore betreffen die Milz, da insbesondere große Hunderassen für Milztumore anfällig sind. Oftmals machen solche Tumore lange Zeit keine Probleme. Deshalb werden sie häufig erst dann entdeckt, wenn sie bereits geplatzt sind und der Hund in den Bauch blutet. Meistens kann dann zwar das Leben des Hundes durch eine Notfalloperation gerettet werden, jedoch haben sich die Blutungen bereits zu vielen einzelnen Tumorzellen im gesamten Körper verteilt, wodurch es zu einer Metastasierung kommt. Nichtsdestotrotz sind Tumore, die frühzeitig erkannt werden, in den meisten Fällen operabel und haben, mit ein wenig Glück, auch noch nicht gestreut. Genau wie bei der Herzultraschall- ist auch die Bauchultraschalluntersuchung vollkommen schmerzfrei. Der Hund muss lediglich einige Minuten ruhig auf seinem Rücken liegen. Legen die Untersuchungen den Verdacht einer Erkrankung nahe, können weitere Untersuchungen, wie das Röntgen, das MRT und das CT, folgen.

Röntgen

Das Röntgen ist eine Standardmethode, mit der unterschiedliche Organe des Hundes untersucht werden können. Besonders gut eignet sich die Röntgenuntersuchung für die Lunge, Bauchorgane oder verschiedene Knochen. Außerdem kommt dem Röntgen im Zusammenhang mit Zahnerkrankungen eine besondere Rolle zu, da eine Vielzahl von Zahnerkrankungen nur durch das Röntgen von Zähnen korrekt eingeschätzt und in der Folge behandelt werden können. Denn erst beim Röntgen wird sichtbar, welche Anteile vom Zahn genau betroffen sind.

Grundsätzlich ist die Röntgenmethode schmerzfrei. Die Gliedmaßen des Hundes können hervorragend im Wachzustand geröntgt werden, wohingegen für das Röntgen der Zähne eine Narkose notwendig ist.

MRT und CT

Das MRT, also die Magnetresonanztomographie, und das CT, die Computertomographie, sind hoch spezialisierte Untersuchungsverfahren. Sie werden lediglich in speziellen Kliniken bzw. Praxen sowie in Kleintierzentren angeboten. Beim MRT wird ein starkes Magnetfeld eingesetzt, wohingegen beim CT mit Röntgenstrahlen gearbeitet wird. Auch wenn die MRT- und CT-Untersuchungen nicht schmerzhaft sind, müssen die Hunde trotzdem in eine kurze Narkose gelegt bzw. mindestens stark beruhigt (sediert) werden. Ansonsten würden sich die Vierbeiner zu stark bewegen, sodass eine optimale Qualität der Bilder nicht gewährleistet werden könnte. Sowohl das MRT als auch das CT liefern selbst bei unklaren Befunden schwer zugänglicher Organe hervorragende Möglichkeiten, um die Diagnostik fortzusetzen. Bei entsprechendem Verdacht können zudem weitere Untersuchungen, wie Kotproben oder Biopsien (Gewebeentnahmen), entnommen werden. Selbstverständlich kann jede Untersuchung zu jeder Zeit bei jedem Hund jeder Rasse durchgeführt werden. Das hier angegebene Alter ist lediglich das Alter, in dem die Häufigkeit bestimmter Krankheiten beim Hund deutlich ansteigt. Vorsorgeuntersuchungen sind trotzdem für jeden Hund sinnvoll.

Kastration

Grundsätzlich gilt die Kastration von Hündinnen und Rüden als Routineeingriff. Dabei werden die Organe des Körpers entfernt, die verantwortlich für die Fortpflanzung der Vierbeiner sind. So werden bei der Hündin also die Eierstöcke und beim Rüden die Hoden entfernt. Sobald der Vierbeiner einmal kastriert wurde, bleibt er für immer unfruchtbar.

Die Operation wird stets unter Vollnarkose durchgeführt, unterscheidet sich hinsichtlich der Kosten und des Aufwandes jedoch erheblich zwischen den beiden Geschlechtern. So wird der Hodensack bei Rüden durch einen Schnitt geöffnet, anschließend werden die Samenstränge abgebunden und zuletzt wird der Hoden entfernt. Im Gegensatz dazu ist der Eingriff bei einer Hündin wesentlich aufwendiger und damit auch kostspieliger. Denn der Tierarzt muss zunächst den Bauchraum der Hündin durch einen Schnitt öffnen, um an die Eierstöcke zu gelangen. Je nachdem, ob außerdem die Gebärmutter entfernt werden soll, und je nach Operationsmethode fällt dieser Schnitt mal größer und mal kleiner aus.

Nach dem Eingriff können die Hunde in der Regel jedoch direkt mit ihrem Besitzer nach Hause gehen. Im Gegensatz dazu kommt es bei Sterilisationen nicht zur Entfernung von Organen. Vielmehr werden dabei Ei- bzw. Samenleiter durchtrennt, wodurch der Sexualtrieb erhalten bleibt. Im Unterschied zu Kastrationen werden Sterilisationen heutzutage jedoch fast gar nicht mehr durchgeführt. Inzwischen lautet die Empfehlung dafür, ab welchem Lebensalter kastriert werden sollte: nach Erreichen der Geschlechtsreife. Ausnahmen hierbei wären, wenn der Rüde oder die Hündin unter Erkrankungen leidet oder aggressive Verhaltensweisen an den Tag legen würde, die durch Hormone verursacht werden. In der Regel werden Hunde, je nach ihrem Geschlecht und ihrer Rasse, im Alter von 7 bis 14 Monaten geschlechtsreif. Kleine Rassen erreichen ihre Geschlechtsreife jedoch früher als große Rassen. Die nahende Geschlechtsreife lässt sich bei beiden Geschlechtern am pubertären Verhalten sowie dem Interesse am jeweils anderen Geschlecht erkennen. Hündinnen werden darüber hinaus läufig.

Ob eine Kastration angebracht ist oder nicht, sollte immer individuell abgewogen werden. Grundsätzlich sollten Kastrationen nicht vor Beginn der Geschlechtsreife vollzogen werden, wobei es natürlich immer Ausnahmefälle gibt. Darüber hinaus besteht mittlerweile die Möglichkeit, eine chemische Kastration anhand eines Kastration-Chips durchzuführen. Da auch diese Methode sowohl Vor- als auch Nachteile hat, sollten Sie sich zum Thema Kastration in jedem Fall von Ihrem Tierarzt beraten lassen.

IMPFUNGEN

Durch flächendeckende Impfungen gegen gefährliche und hochansteckende Viren und Bakterien ist es im Laufe der vergangenen Jahre gelungen, das Infektionsrisiko und damit einhergehend auch die Anzahl der damit verbundenen Todesfälle stark zu reduzieren. Damit trägt jeder geimpfte Hund zur Eindämmung oder gar zur Verhinderung von Epidemien bei. Demnach können wir mit einer Impfung nicht nur das Leben unseres Hundes schützen, sondern auch das von anderen Tieren retten.

Grundsätzlich werden die Impfempfehlungen, die nationale Impfkommissionen herausgeben, in **Core-Vakzine (Pflichtimpfstoffe)** und **Non-Core-Vakzine (Wahlimpfstoffe)** unterschieden. Dabei umfassen Core-Vakzine all die Impfungen, die ein Hund immer haben und in jedem Fall bekommen sollte. Die Pflichtimpfstoffe wirken gegen Erreger, die zumeist einen tödlichen Verlauf nehmen und nicht nur das Leben der Tiere, sondern teilweise auch das Leben der Halter gefährden. Zudem ist die Einreise von kleinen Tieren in einer Vielzahl von Ländern von den Core-Vakzinen abhängig, weshalb sie unter allen Umständen in den Impfpass eines Hundes gehören.

Im Gegensatz dazu ist die Empfehlung für die Non-Core-Impfungen nicht so umfassend. Die Wahlimpfstoffe sind zwar nicht weniger wichtig als die Pflichtimpfstoffe, betreffen jedoch nicht permanent alle Hunde. Die Notwendigkeit einer Impfung ist dabei von unterschiedlichen Faktoren – wie dem Alter, der Verfassung oder dem Lebensraum eines Vierbeiners – abhängig. Daher muss im Einzelfall geklärt werden, ob eine Impfung sinnvoll ist. Aus diesem Grund sollten Sie sowohl den Nutzen als auch die Risiken einer Non-Core-Impfung immer mit Ihrem Tierarzt besprechen und abwägen, bevor Sie einer solchen Impfung entweder zustimmen oder diese ablehnen. Entsprechend der Leitlinie zur Impfung von Kleintieren von der **StIKo Vet** sollten Halter ihre Hunde in Deutschland in jedem Fall gegen Parvovirose, Staupe und Leptospirose impfen lassen. Darüber hinaus werden, unter gewissen Bedingungen, weitere individuelle Non-Core-Vakzine empfohlen.

Hundealter	Core-Vakzine	Non-Core-Vakzine
Frühimmunisierung besonders gefährdeter Welpen		
ab 3. Lebenswoche		Parainfluenza, Bordetella bronchiseptica
ab 4. Lebenswoche	Parvovirose, Staupe	
Grundimmunisierung		
8. Lebenswoche	Parvovirose, Staupe, Leptospirose	Hepatitis contagiosa canis (HCC), Bordetella bronchiseptica, Parainfluenza
12. Lebenswoche	Parvovirose, Staupe, Leptospirose	Tollwut, HCC
16. Lebenswoche	Parvovirose, Staupe	
15. Lebensmonat	Parvovirose, Staupe, Leptospirose	Bordetella bronchiseptica, Parainfluenza

Intervalle für die Wiederholungsimpfungen

Jährlich	Leptospirose	Bordetella bronchiseptica, Parainfluenza
alle 3 Jahre	Parvovirose, Staupe	Tollwut (nach Angabe des Herstellers), HCC

Die StIKo Vet empfiehlt eine Impfung gegen Bordetella-Infektionen, Hepatitis contagiosa canis (HCC), Parainfluenza und Tollwut immer dann, wenn der Erreger entweder in der Region oder im Bestand enzootisch ist, also immer wieder bzw. häufig auftritt. Das konsequente Impfen gegen HCC hat im Laufe der Zeit dazu geführt, dass diese Erkrankung in der Hundepopulation Westeuropas nur noch sehr selten beobachtet werden konnte. Darüber hinaus kann eine Impfung gegen Dermatophytosen, Herpesvirus-Infektionen, Leishmaniose und Lyme-Borreliose sinnvoll sein.

ERSTE HILFE & NOTVERSORGUNG

Die erste Regel für Notsituationen ist immer: Ruhe bewahren! Denn wir können anderen nur dann helfen, wenn wir selbst einen klaren Kopf bewahren. Darüber hinaus gilt bei jeder Erste-Hilfe-Maßnahme am verletzten Hund die Eigensicherung der Ersthelfer. Verletzte Tiere sind unberechenbar und wehren sich oftmals durch Bisse, weil sie Angst haben, Schmerzen haben oder unter Schock stehen. Aus diesem Grund erfolgt die Sicherung der Helfenden in der Regel durch das Anlegen eines Maulkorbes oder einer Maulschleife. Tiere wissen, im Gegensatz zu uns Menschen, nicht, dass wir ihnen nichts Böses und einfach nur helfen wollen. Sie folgen ihrem Instinkt, der ihnen sagt, dass sie fliehen sollen, weshalb es sich zusätzlich empfiehlt, den Hund anzuleinen. Deshalb ist es in Notsituationen so wichtig, den verletzten Hund zu sichern. Am besten nähern Sie sich dem verletzten Vierbeiner ganz langsam und vorsichtig und sprechen ihn ruhig an.

Für Hundehalter, die nicht medizinisch ausgebildet sind, ist es häufig schwer, eine Notsituation zu erkennen. Nichtsdestotrotz gibt es einige Symptome, bei denen grundsätzlich immer Eile geboten ist und die schnelle Hilfe erfordern:

- Atemnot oder Atemstillstand
- Apathie oder Bewusstlosigkeit
- Krämpfe oder Lähmungen

- starke Blutung
- blasse Schleimhäute
- starker Durchfall
- heftiges Erbrechen
- starkes Zittern und Hecheln
- starke Unter- bzw. Übertemperatur

Kontrolle von Herzschlag, Atmung und Puls

Je nachdem, welche Verletzung der Hund erlitten hat, sind unterschiedliche Maßnahmen notwendig. So benötigt der Hund bei einer starken Blutung einen Druckverband. Ist ein Knochen gebrochen, wird zur Ruhigstellung unter Umständen eine Beinschiene angelegt. Vergiftungen oder ein Herzstillstand können zudem dazu führen, dass der Hund das Bewusstsein verliert. In einem solchen Fall sollten Sie immer erst überprüfen, ob das Herz des Hundes noch schlägt und ob er noch atmet. Den Herzschlag bzw. den Puls können Sie am besten fühlen, indem Sie Ihre Hände links und rechts flach auf den Brustkorb in Höhe der Vorderbeine legen. Alternativ können Sie den Puls des Hundes aber auch erfühlen, indem Sie Ihre Hand auf die Innenseite des Oberschenkels legen, da dort die Beinschlagader entlangläuft. Können Sie keinen Herzschlag mehr spüren und atmet der Hund nicht, legen Sie den Vierbeiner auf seine rechte Seite, strecken seinen Kopf und ziehen zusätzlich seine Zunge aus dem Maul heraus. Prüfen Sie außerdem, ob sich im Rachen eventuell Fremdkörper befinden, und entfernen Sie diese gegebenenfalls vorsichtig. Anschließend beginnen Sie mit der Wiederbelebung von Herz und Lunge. Dabei massieren Sie das Hundeherz 60- bis 100-mal (pro Sekunde eine Massage) und lassen anschließend zwei Beatmungen durch die Nase folgen.

Erste Hilfe bei Wunden

Bei der Behandlung von Wunden gilt, dass Laien grundsätzlich immer nur oberflächliche Wunden erstversorgen sollten. Für tiefe Wunden sollte umgehend ein Tierarzt aufgesucht werden, der die Wunde richtig behandelt.

Wenn sich der Hund eine oberflächliche Wunde zugezogen hat, muss diese zunächst freigelegt werden. Dafür muss das umgebende Fell weggeschnitten werden. Anschließend sollte die Wunde schnellstmöglich abgedeckt werden. Ansonsten drohen nicht abgeschnittene Haare, die Wunde zu verunreinigen. Im Anschluss reinigen Sie die Wunde grob und entfernen dabei vorsichtig jegliche Fremdkörper. Sollte ein größerer Gegenstand – wie ein Nagel, ein Ast oder eine

Scherbe – in der Wunde stecken oder handelt es sich bei der Wunde um eine Stelle am Bauch, am Brustkorb oder am Auge, dürfen Sie als Laie nicht versuchen, den Fremdkörper zu entfernen. Reinigen Sie die Wunde nun mit einer Desinfektionslösung. Wenn der Hund zum Tierarzt gebracht werden muss, sollte auf Wundspray, Salben oder Wunderpuder verzichtet werden, da diese die weitere Wundbehandlung erschweren können. Nachdem die Wunde ausgespült wurde, trocknen Sie diese ganz vorsichtig mit sterilem Mull. Anschließend können Sie den Verband anlegen und den Hund gegebenenfalls zum Tierarzt bringen. Falls sich Ihr Hund eine größere Wunde zugezogen haben sollte, sollten Sie in jedem Fall den Tierarzt aufsuchen, damit er Ihrem Hund Antibiotikum verschreiben kann.

Erste Hilfe bei einem angefahrenen Hund

Wird Ihr Hund angefahren, sichern Sie in jedem Fall zuerst einmal die Unfallstelle und bitten im Zweifel Passanten um Hilfe. Ist die Unfallstelle abgesichert, können Sie sich Ihrem Hund ruhig und vorsichtig nähern. Beobachten Sie Ihren Vierbeiner dabei die ganze Zeit über. Anschließend kontrollieren Sie seine Atemwege, seine Herztätigkeit und überprüfen seinen Puls und führen, wenn nötig, die erforderlichen Schritte durch. Im Anschluss stillen Sie starke Blutungen und bereiten Ihren Hund zum Transport vor.

Wenn Ihr Hund so stark verletzt ist, dass er nicht mehr selbstständig laufen kann, tragen Sie ihn zur Seite. Dabei sollte die verletzte Körperseite des Hundes Ihnen abgewandt sein. Wenn die oberen Gliedmaßen Verletzungen erlitten haben, lassen Sie diese frei hängen. Bei Brüchen müssen die gebrochenen Gliedmaßen beim Transport jedoch gelagert werden, um das Hin- und Herbaumeln des Bruches zu verhindern. In der Regel werden größere verletzte Hunde vorsichtig auf eine im Vorfeld ausgebreitete Decke gezogen, die dann zu zweit getragen wird. Insofern der Verdacht auf mehrfache Brüche oder eine Verletzung der Wirbelsäule besteht, transportiert man den verletzten Hund am besten auf einem Brett. Kleinere verletzte Hunderassen kann man zum Transport hingegen in einen Korb legen. Im letzten Schritt rufen Sie bei Ihrem Tierarzt an und fahren Ihren verletzten Hund unverzüglich zur Untersuchung.

Erste-Hilfe-Set

Nach Möglichkeit sollten Hundebesitzer immer ein Erste-Hilfe-Set für Hunde griffbereit haben. Am besten stimmen Sie den genauen Inhalt des Sets in

Absprache mit Ihrem Tierarzt ab. Grundsätzlich gehören jedoch die folgenden Dinge zur schnellen Notversorgung:

- Mullbinden
- sterile Tupfer aus Mull
- gebogene Schere mit stumpfem Ende, Verbandsschere
- Verbandswatte aus Baumwolle
- sterile Flüssigkeit zur Wundreinigung
- Desinfektionsmittel
- Hilfsmittel zum Abbinden
- Einwegspritze
- Fieberthermometer
- Rollenwatte
- Jod-Lösung
- Pinzette mit abgerundeter Spitze
- Decke
- kleine Taschenlampe
- selbsthaftende elastische Fixierbinden
- Heftpflaster
- Aktivkohletabletten

FRAGEN ZUR VORBEREITUNG FÜR DIE THEORIEPRÜFUNG

Frage 1: Welche Anzeichen deuten darauf hin, dass ein Hund gesund ist?

a) Vermehrter Speichelfluss
b) Fehlender Appetit
c) Teilnahmslosigkeit
d) Aufmerksamkeit

Frage 2: Welches sind die wichtigsten Bestandteile, die in vollwertigem Futter von Hunden enthalten sein sollten?

a) Zucker, Geschmacksverstärker und Aromastoffe
b) Fett, Knochen, Milch, Eiweiß, Vitamine und Ballaststoffe

c) Kohlenhydrate, Mineralstoffe, Spurenelemente, Cerealien und pflanzliche Erzeugnisse
d) Eiweiß, Fette, Kohlenhydrate, Vitamine, Ballaststoffe, Spurenelemente und Mineralstoffe

Frage 3: Für welche gesundheitlichen Vorkehrungen sollten Hundebesitzer sorgen?
a) Kastration bzw. Sterilisation
b) wöchentliches Hundebad mit speziellem Hundeshampoo
c) spezielle Schutzimpfungen und regelmäßige Wurmkuren
d) Hundebesitzer müssen für keinerlei gesundheitliche Vorkehrungen sorgen.

Frage 4: Welche Impfungen gehören zu den Pflichtimpfungen?
a) Parvovirose, Staupe und Hepatitis contagiosa canis
b) Staupe, Leptospirose und Bordetella bronchiseptica
c) Leptospirose, Parvovirose und Staupe
d) Parainfluenza, Staupe und Parvovirose

Frage 5: Eignet sich selbst zubereitetes Futter, Trockenfutter oder Nassfutter besser zur Fütterung eines Hundes?
a) Kleine Hunderassen vertragen ausschließlich selbstgekochtes Futter oder Nassfutter.
b) Wird das Futter selbst zubereitet, muss es im Vorfeld gekocht werden, denn Hunde werden von rohem Fleisch aggressiv.
c) Wird Trockenfutter gefüttert, muss die Sorte jede Woche gewechselt werden, da der Hund sonst nicht alle benötigten Nährstoffe bekommt.
d) Die Entscheidung muss individuell, je nach Hund und Alltag, getroffen werden.

Frage 6: Was kann man prophylaktisch tun, damit der Hund gesund bleibt?
a) Man sollte den Hund regelmäßig impfen und seinen Körper täglich anschauen, damit Veränderungen oder Parasitenbefall umgehend erkannt werden können.
b) Man sollte den Hund nur mit dem besten Futter füttern, welches in der Regel auch das teuerste ist.
c) Man sollte den Hund jeden Tag baden.

d)Man kann prophylaktisch nichts tun, da die Gesundheit durch die Rasse des Hundes vorbestimmt ist.

Frage 7: Wie viel Futter sollte man einem Hund am Tag zum Fressen geben?
a)So viel Futter, wie der Hund benötigt, um eine schlanke Figur zu haben, ohne dabei zu- oder abzunehmen.
b)Der Hund sollte ausreichend Futter bekommen, wobei ein Fastentag wichtig für sein Wohlergehen ist.
c)Der Hund sollte immer etwas hungern, da er ansonsten zu Ungehorsam neigt.
d)Dem Hund sollte immer Futter zu freien Verfügung stehen, da er sowieso nur so viel frisst, wie er benötigt.

Frage 8: Auf welche Art und Weise sichert man das Maul eines Hundes, wenn man im Notfall Erste Hilfe leisten muss?
a)Im Notfall darf das Maul eines Hundes niemals zugebunden werden, weil der Hund damit nicht mehr ausreichend hecheln kann.
b)Das Maul des Hundes wird mit einem Kopfhalter fixiert, der so klein ist, dass man ihn unterwegs immer mitnehmen kann.
c)Das Maul des Hundes wird mit einer Maulschlinge gesichert, wobei man diese von unten um die Hundeschnauze wickelt, anschließend einen Halbknoten auf der Schnauze bindet, die Maulschlinge nochmals um die Schnauze des Hundes wickelt und einen Halbknoten unter der Schnauze bindet und zuletzt die Enden hinter den Ohren des Hundes verknotet.
d)Im Notfall ist keine Sicherung notwendig, da verletzte Hunde niemals einen Helfer beißen würden.

Frage 9: Wenn man einen Hund übernimmt, sollte man dann mit ihm zum Tierarzt gehen, auch wenn er einen gesunden Eindruck macht?
a)Nur dann, wenn der Hund bereits ausgewachsen ist.
b)Nein, das ist nicht nötig, da man dem Züchter vertrauen kann.
c)Nein, der Besuch wäre unnötig und würde nur nicht notwendige Kosten für den neuen Besitzer verursachen.
d)Ja, damit der Tierarzt nachprüfen kann, ob der Hund ausreichend Impfschutz erhalten hat, und dieser zukünftige krankheitsbedingte Verhaltensweisen des Hundes besser einordnen kann.

Frage 10: Können Krankheiten durch Hundekot übertragen werden?

a) Ja, Krankheiten können durch Hundekot übertragen werden.
b) Nein, Krankheiten können nicht durch Hundekot übertragen werden.
c) Lediglich ein paar Krankheiten können durch Hundekot übertragen werden.
d) Krankheiten können durch Hundekot nur auf Mischlinge übertragen werden.

Frage 11: Was sollte man tun, wenn der Hund seit zwei Tagen unter schlimmem Erbrechen und Durchfall leidet?

a) Man sollte dem Hund Kohletabletten geben.
b) Man sollte dem Hund Milch verabreichen.
c) Man sollte den Hund zum Tierarzt bringen, da er binnen weniger Tage austrocknen kann.
d) Man braucht sich keine Sorgen machen, weil das schon mal vorkommen kann.

Frage 12: Welche Lebensmittel dürfen Hunde nicht fressen?

a) Bitterschokolade, rohes Schweinefleisch und Macadamia-Nüsse
b) Gekochter Reis, Gurke und Karotte
c) Rohes Rindfleisch, gekochte Kartoffeln und Fisch
d) Salat, Apfel und Melone

Frage 13: Welche Sinne spielen bei Hunden eine untergeordnete Rolle?

a) Geschmackssinn und Geruchssinn
b) Hörvermögen und Tastsinn
c) Tastsinn und Geschmackssinn
d) Geruchssinn und Hörvermögen

Frage 14: In welchem Bereich liegt die Normaltemperatur eines erwachsenen Hundes?

a) zwischen 37,0 °C und 38,0 °C
b) zwischen 38,0 °C und 39,0 °C
c) zwischen 38,5 °C und 39,5 °C
d) zwischen 39,0 °C und 40,0 °C

Frage 15: Wie viele Zähne haben Hunde?

a) Welpen haben 18 Zähne und erwachsene Hunde 32 Zähne.

b) Welpen haben 23 Zähne und erwachsene Hunde 37 Zähne.

c) Welpen haben 28 Zähne und erwachsene Hunde 42 Zähne.

d) Welpen haben 31 Zähne und erwachsene Hunde 47 Zähne.

Frage 16: Wer allein ist zur Ausstellung eines gültigen Impfpasses berechtigt?

a) Der Züchter, von dem der Welpe kommt

b) Der Besitzer, dem der Hund gehört

c) Der Tierarzt, der den Hund geimpft hat

d) Der Verband für das Deutsche Hundewesen

Frage 17: Wofür wird der blaue EU-Heimtierausweis gebraucht?

a) Der EU-Heimtierausweis wird lediglich für die Tiere gebraucht, die nach Europa eingeführt werden sollen.

b) Der EU-Heimtierausweis wird lediglich für Zuchttiere gebraucht, um nachweisen zu können, dass sie keine Krankheiten an ihre Welpen übertragen können.

c) Durch den EU-Heimtierausweis kann die Identität des Tieres überprüft werden. Gleichzeitig gilt er als Impfnachweis, weshalb er beim Reisen mit dem Tier ins Ausland mitzuführen ist.

d) Der EU-Heimtierausweis dient primär als Nachweis der bislang erfolgten Impfungen.

Basiswissen 6 – Alltag mit dem Hund

Gesetze, Verordnungen und Versicherungen

Die meisten Menschen, die sich vierbeinigen Nachwuchs anschaffen, denken in der Regel zuerst an die Kosten, die für Futter und Ausstattung auf sie zukommen, sowie an die Zeit, die sie in ausgiebige Spaziergänge mit dem Hund investieren müssen. Darüber hinaus gibt es jedoch noch einige andere Dinge, die beachtet werden müssen – insbesondere in Sachen Versicherungen und Steuern.

Hunde sind nicht nur in ihren ersten Lebensjahren kleine Wirbelwinde, sondern können zu jeder Zeit Dinge kaputtmachen oder andere Menschen, Hunde oder sogar sich selbst verletzen, sodass der Besuch bei einem Tierarzt und eventuelle medikamentöse Behandlungen nicht ausgeschlossen sind. Damit sich Hundebesitzer umfassend gegen nicht vorhersehbare Unfälle und Zwischenfälle absichern und somit hohe Kosten vermeiden können, gibt es drei wichtige Versicherungen, die sie abschließen können: die Hundehaftpflichtversicherung, die Hundekrankenversicherung und die Hunde-OP-Versicherung.

Wie bereits im zweiten Kapitel dieses Buches erläutert wurde, ist die Versicherungspflicht für Hundebesitzer in Deutschland nicht einheitlich geregelt, weshalb jedes Bundesland selbst entscheidet, ob und welche Pflichten für die Halter von Hunden gelten. Aus diesem Grund finden Sie in der nachfolgenden Übersicht alle bundesweiten Bestimmungen:

- zur Versicherungspflicht – allgemeine Versicherungspflicht in Schleswig-Holstein, Hamburg, Niedersachsen, Berlin, Sachsen-Anhalt und Thüringen – Versicherungspflicht abhängig von der Hunderasse in Bremen, Nordrhein-Westfalen,

Rheinland-Pfalz, Baden-Württemberg, Hessen, Brandenburg, Sachsen und im Saarland – keine Versicherungspflicht in Mecklenburg-Vorpommern und Bayern

- zur Maulkorbpflicht (bei gefährlich eingestuften Hunden) – Pflicht in Schleswig-Holstein, Hamburg, Mecklenburg-Vorpommern, Berlin, Brandenburg, Sachsen, Sachsen-Anhalt, Thüringen, Niedersachsen, Bremen, Nordrhein-Westfalen, Rheinland-Pfalz, Baden-Württemberg und im Saarland
- zum Leinenzwang – Pflicht in Hamburg und Berlin
- zum Hundeführerschein – Pflicht in Niedersachsen

Darüber hinaus ist der Abschluss einer Hundehalterhaftpflicht in den folgenden Bundesländern für alle Besitzer von Hunden zwingend **vorgeschrieben**:

- Berlin,
- Hamburg,
- Niedersachsen,
- Sachsen-Anhalt,
- Schleswig-Holstein und
- Thüringen.
- In Baden-Württemberg,
- Brandenburg,
- Bremen,
- Hessen,
- Nordrhein-Westfalen,
- Rheinland-Pfalz,
- im Saarland sowie in
- Sachsen

muss eine Hundehaftpflicht **nur** für als gefährlich geltende Rassen abgeschlossen werden. Lediglich in den Bundesländern

- Bayern und
- Mecklenburg-Vorpommern

gilt **keine** gesetzliche Pflicht zum Abschluss einer Hundehaftpflichtversicherung. Sachschäden, die durch Hunde verursacht werden, können bei rund 25 € aufwärts liegen. Natürlich kommt es immer darauf an, was der Hund beschädigt hat. Deshalb ist es aber umso wichtiger, dass die Versicherungssumme hoch genug ist, um den entstandenen Schaden zu decken. Die niedrigste mögliche

Versicherungssumme bei einer Hundehaftpflicht beträgt drei Millionen €, womit Schäden bis zu dieser Versicherungssumme auch abgesichert sind.

Übersicht über typische Schäden durch Hunde inklusive anfallender Kosten:

Verkehrsunfall	• Halter muss bei vom Hund verursachten Verkehrsunfällen für Sach- und Personenschäden in voller Höhe aufkommen
Schaden am Menschen	• bei lebenslangen Folgeschäden kann der Schaden bei 10.000 € beginnen • Summe kann bis in die Millionenhöhe gehen, zum Beispiel aufgrund von Schmerzensgeld, Untersuchungen, Operationen und Medikamenten
Schaden am Tier	• gilt als Sachschaden, für den der Besitzer ohne zureichende Versicherungen selbst aufkommen muss • wird zum Beispiel ein anderer Hund gebissen und muss operiert werden, können die Kosten ohne Versicherung schnell im 5-stelligen Bereich liegen
Tierhalterhaftung	• greift zum Beispiel dann, wenn eine andere Person in einem Laden über den am Eingang liegenden Hund stürzt • Halter muss dann bis zu 15.000 € Schmerzensgeld zahlen

Die Kosten, mit denen Sie beim Abschluss einer Hundehaftpflichtversicherung rechnen müssen, liegen zwischen 46 € und 118 € pro Jahr und sind von mehreren Faktoren abhängig:

- Hunderassen, Listenhunde kosten mehr (bis zu 170 € pro Jahr)
- Alter des Hundes
- Gewicht des Hundes
- Höhe der Deckungssumme
- Anzahl der Tiere, bei mehreren Hunden gibt es einen Rabatt
- gewünschte Zusatzleistungen
- Art der Zahlung, halb- oder vierteljährliche Zahlungen sind meistens teurer als jährliche
- die Höhe der Selbstbeteiligung im Schadensfall

Glücklicherweise können Hundebesitzer die Hundehaftpflichtversicherung entweder als Sonderausgabe oder unter sonstigen Vorsorgeaufwendungen von der Steuer absetzen. Für die meisten Menschen ist der Abschluss einer umfassenden Krankenversicherung selbstverständlich. Dabei lohnt es sich auch, eine Krankenversicherung für den eigenen Hund abzuschließen, um im Krankheitsfall nicht auf den Kosten für den Tierarzt sitzen zu bleiben. Die Übersicht zu den Impfungen aus einem der vorangegangenen Kapitel zeigt, dass ein Hund im Laufe seines Lebens so einige Male untersucht und geimpft werden muss – all das verursacht natürlich Kosten. Hinzu kommen dann noch jährlich stattfindende Routineuntersuchungen sowie kleine Behandlungen, etwa eine Zahnfleischprophylaxe oder das Krallen-Ziehen. Über die Jahre sammelt sich dabei eine relativ hohe Summe an, die der Hundebesitzer zahlen muss.

Impfung	• Kombi-Impfung (Staube, Parvovirose, HCC, Tollwut): 50 bis 70 €
Verletzung	• Wundnaht: 500 € • Zahnextraktion: ca. 350 € • Zystenbehandlung: 180 € • Krallen ziehen: 120 € • MRT: 750 €
Operation	• Grauer Star: 103 € • Gaumensegel: 3.000 € • Ellenbogendysplasie: 2.200 € • Kreuzbandriss: 2.000 € • Magendrehung: 2.500 € • Hüftdysplasie: bis zu 3.000 €

Genau wie wir Menschen können auch Hunde Allergien entwickeln, chronisch erkranken oder Unfälle haben. Eine Hundekrankenversicherung, die eine OP-Versicherung inklusive hat, würde Sie also in jedem Fall bestens absichern. Trotzdem müssten Sie dafür sehr hohe Beiträge zahlen und einige Krankheiten wären vermutlich vom Versicherungsschutz ausgeschlossen.

Weist eine Hunderasse bekannte „Rasseerkrankungen“ auf, sollten diese gegen einen Mehrbeitrag versichert werden. Ansonsten könnte der Versicherungsschutz diese typischen Erkrankungen ausschließen. Für Besitzer, die einen kostenintensiven Hund haben und sich die monatlichen Kosten leisten können, zahlt sich demnach eine Tierkrankenversicherung als Rundum-Schutz aus. Je nach Alter und Rasse des Hundes sowie Absicherungshöhe können die Kosten für eine Tierkrankenversicherung inklusive OP-Versicherung monatlich bei 50 bis 85 € liegen. Durch eine OP-Versicherung werden alle Kosten, die im Zusammenhang mit einer Operation aufkommen, gedeckt. Hierzu zählen Medikamente, stationäre Aufenthalte in der Tierklinik, Verbandsmaterial sowie Nachsorgeuntersuchungen. Hundebesitzer sollten bei einer OP-Versicherung in jedem Fall auf Leistungsausschlüsse achten, da einige Versicherer die Kosten für beispielsweise Operationen, die durch Überzüchtung oder aufgrund von chronischen Erkrankungen nötig sind, nicht übernehmen. Ebenfalls vollständig vom Versicherungsschutz ausgeschlossen sind Tiere mit Krankheiten wie Diabetes, mit Schilddrüsenerkrankungen oder Epilepsie.

Nichtsdestotrotz ist eine reine OP-Versicherung für Hunde meist die günstigere Alternative zur Hundekrankenversicherung. Gleichzeitig sind durch diese Summen höhere Schäden abgedeckt. Eine Tier-OP-Versicherung kann, je nach Alter und Rasse des Hundes, zwischen 14 und 25 € pro Monat kosten.

Abschließend lässt sich sagen, dass es nicht die eine perfekte Hundeversicherung gibt. Trotzdem können Hundebesitzer ein perfekt auf ihren Hund zugeschnittenes Angebot finden, wenn sie bereit sind, verschiedene Angebote zu vergleichen.

Steuern und Steuermarke

Grundsätzlich ist das Zahlen der **Hundesteuer** in Deutschland Pflicht und wird bei Vergehen mit hohen Bußgeldstrafen geahndet. Jeder, der sich einen Hund zulegt, muss diesen bei der Gemeinde zur Hundesteuer anmelden. Darüber hinaus müssen Hunde im Freien eine Steuermarke am Halsband tragen. Die **Steuermarke** wird auch **Hundemarke** oder **Hundesteuermarke** genannt und ist eine Marke, die aus Metall gefertigt wird und als Nachweis für die entrichtete Hundesteuer gilt. Obwohl sich die Hundemarken in ihrem Aussehen unterscheiden, findet man auf ihr in der Regel den Namen der herausgebenden Stadt bzw. der Gemeinde sowie die eindeutige Identifikationsnummer des Hundes wieder. Außerdem drucken einige Gemeinden zusätzlich noch die Gültigkeitsdauer auf die Hundemarke. Die Kosten für die Steuermarke variieren dabei je nach Stadt, in der man lebt, oder Gemeinde, der man angehört. Ein Zweithund wird zudem generell höher besteuert. Außerdem zahlen Besitzer von Listenhunden meistens eine höhere Steuer. Die Hundesteuer ist dabei eine öffentlich-rechtliche Abgabe, die verwendet wird, um diverse kommunale Aufgaben zu finanzieren. Bei Neuanschaffung eines Hundes muss die Hundemarke binnen einer vorgegebenen Frist angemeldet werden. Wird der Hund zu spät oder sogar gar nicht angemeldet, gilt dieses Vorgehen als Ordnungswidrigkeit und kann mit einem Bußgeld von bis zu 10.000 € geahndet werden. Für Listenhunde muss oftmals ein erhöhter Hundesteuersatz gezahlt werden. Die einzigen Hunde, die von der Steuer ausgenommen sind, sind Wach- und Diensthunde sowie Helferhunde, die zu gewerblichen Zwecken gehalten werden. Außerdem gibt es einige Kommunen, die für Hunde mit bestandener Begleithundeprüfung oder für Hunde, die aus dem Tierheim kommen, Ermäßigungen oder sogar eine Befreiung von der Steuer gewähren. Darüber hinaus sollten Hundebesitzer ihren Hund in einem **Haustierregister** eintragen und registrieren lassen. Falls der Hund nämlich einmal verloren gehen sollte, kann anhand seiner Chipnummer ganz einfach festgestellt werden, wo er herkommt.

Hundehäufchen

Auf Spaziergängen oder bei Gassirunden machen Hunde auch an öffentlichen Orten ihr Geschäft. Ihre Hinterlassenschaften müssen dann umgehend entsorgt werden. Hundebesitzer sollten deshalb die Kotbeutel niemals zu Hause lassen und immer bei sich tragen. In einigen Städten und Gemeinden ist das Tragen von Kotbeuteln sogar Pflicht. Lassen Besitzer das Häufchen ihres Vierbeiners einfach liegen, drohen Geldstrafen von bis zu 100 €. Wiederholungstäter zahlen sogar das Doppelte.

Hundeverbot

Unsere Hunde wären am liebsten immer zu jeder Zeit bei uns, doch manchmal geht das nicht. Denn an einigen Orten ist das Mitnehmen eines Hundes sogar verboten. Dabei legen Bundesländer und Kommunen selbst fest, wo ein Hundeverbot gilt und wo nicht. In der Regel gilt an den folgenden Orten in den meisten Fällen Hundeverbot:

- Arztpraxen
- Supermärkte
- Schulen
- Kindergärten
- Spielplätze
- Kirchen

- Schwimmbäder
- Kinos
- Theater
- öffentliche Schwimmbäder

Assistenzhunde sowie Blindenführhunde sind, unter bestimmten Bedingungen, von diesen Verboten ausgenommen.

Wohnen mit Hund

Bevor wir uns einen Hund zulegen, müssen wir in der Regel erst einmal nach der Erlaubnis unseres Vermieters fragen. Vermieter können die Hundehaltung generell zwar nicht verbieten, können sich jedoch – je nach Größe, Rasse und Verhalten des Hundes – gegen seinen Einzug aussprechen. Darüber hinaus kann der Vermieter den Mietenden die maximale Anzahl an Hunden in einer Mietwohnung vorschreiben. Halten Besitzer in ihrer Mietwohnung einen Hund, ohne den Vermieter darüber in Kenntnis zu setzen, droht ihnen eine fristlose Kündigung. Weiterhin kann der Vermieter den Mietenden die Erlaubnis zum Halten eines Hundes in der Mietwohnung entziehen, wenn sich die Nachbarn durch den Vierbeiner gestört fühlen. Beschädigt der Hund ihre Wohnungstür oder verursacht andere Mietsachschäden, können Nachbarn vom Hundebesitzer sogar Schadensersatz fordern.

KINDER & HUNDE

Die meisten Kinder wünschen sich einen süßen, kuscheligen Hund zum Spielen und zum Streicheln. Einige Kinder vergessen jedoch, dass Hunde kein Spielzeug, sondern Lebewesen mit eigenen Gefühlen und Bedürfnissen sind und dass vor allem Welpen in ihren ersten Lebenswochen viel Ruhe benötigen. Leider können Hunde nicht sprechen und einfach „Lass das sein!" sagen. Daher reagieren sie auf Stress und potentielle Bedrohungen ganz unterschiedlich. So ziehen sich einige Hunde zurück, wohingegen andere ihre Zähne zeigen. Die Signale eines gut sozialisierten Hundes mögen zwar noch nicht bedrohlich sein, Kinder sollten trotzdem so schnell wie möglich die Sprache des Hundes sowie den artgerechten Umgang mit ihm erlernen. Denn nur dann kann gewährleistet werden, dass der Hund einerseits keine Qualen leidet und die Kinder andererseits nicht verletzt werden. Ein guter Lernanfang ist immer die Rute des Hundes, da sie ein ziemlich auffälliges Stimmungsbarometer ist. Wenn der Hund ängstlich ist oder sich nicht wohl fühlt, zieht er seine Rute ein. Freut sich der Hund jedoch besonders stark, dann wedelt er. Dabei zeigt eine wedelnde Rute zunächst aber nur den Grad der Aufregung und muss deshalb nicht automatisch auch Freude bedeuten. In jedem Fall sollten Kinder wissen, dass sich Hunde bedroht fühlen, wenn man entweder unvermittelt von oben nach ihrem Kopf greift oder sie anstarrt. Kindern sollte zudem beigebracht werden, dass die Ohren, die Augen, die Nase sowie die Rute Körperteile des Hundes sind, die besonders empfindlich sind und sich deshalb niemals als Spielzeug oder als Haltegriff eignen. Verstehen Kinder darüber hinaus, dass Hunde, die schlafen oder fressen, nicht gestört werden dürfen, ist der Weg für eine Kind-Hund-Freundschaft geebnet. Auch wenn Kinder nicht die alleinige Verantwortung für Wasser, Futter, Bewegung, Ruhe, Beschäftigung und Pflege eines Hundes übernehmen können, sollten ältere Kinder schon frühestmöglich bei der Hundeerziehung mithelfen und verschiedene Aufgaben übernehmen. So können sie dem Hund etwa Bälle zuwerfen, ihn unter Anleitung bürsten, die Näpfe befüllen und säubern oder mit ihm spielen. Jede einzelne Aufgabe, die das Kind übernimmt, und damit auch jede einzelne Minute, die es mit dem Hund verbringt, stärkt die Freundschaft zwischen ihm und dem Vierbeiner.

Für Fragen, Hilfestellungen oder den potentiellen Ernstfall sollten Eltern jedoch immer in der Nähe bleiben, um einzuschreiten und zu helfen. Neben kleinen Aufgaben, die Ihr Kind übernehmen kann, kann es sich auch einmal daran versuchen, dem Hund einfache Tricks beizubringen. Hierfür eignen sich zum Beispiel die Rolle sowie das Pfötchengeben hervorragend.

Die Rolle

Die Rolle ist ein toller, fortgeschrittener Trick, den Kinder mit ihrem Hund üben können.

Durchführung: Zuerst begibt sich der Hund in das Kommando „Platz". Anschließend rollt Ihr Kind den Hund sanft zur Seite und hält ihm ein Leckerli vor die Nase. Nun wird das Leckerli in einem Bogen von der Nase des Hundes hin zu seinen Rippen geführt. Dabei wird der Hund dem Leckerli mit seinem Kopf folgen. Sobald er seine Rute anschaut, kann Ihr Kind ihm das Leckerli geben. Mit jeder Wiederholung, die der Hund durchläuft, führt Ihr Kind das Leckerli immer ein Stück weiter in Richtung des Rückens, bevor es dem Hund die Belohnung gibt. Einige Hunde rollen sich dann schon von selbst weiter. Falls Ihr Hund jedoch nicht dazugehört, kann Ihr Kind ihn auch herumrollen, indem es die Beine des Vierbeiners in die Hand nimmt. Anschließend darf er dann direkt aufspringen. Hat Ihr Hund die Rolle verinnerlicht, kann Ihr Kind ein Hand- bzw. Hörzeichen einführen und dieses Zeichen immer zu Beginn der Übung geben. Hierbei ist jedoch viel Geduld gefragt.

Pfötchen geben

Das Pfötchengeben ist für Hunde relativ leicht zu erlernen, da es dem Milchtritt der Welpen beim Säugen entspringt. Daher eignet sich die Übung ideal dafür, dass Ihr Kind Ihrem Hund das Pfötchen geben beibringt.

Durchführung: Zu Beginn nimmt Ihr Kind ein Leckerli in die Hand und schließt diese, sodass Ihr Hund den Leckerbissen zwar riechen, aber nicht wegnehmen kann. Nun bittet Ihr Kind den Hund, sich zu setzen, und setzt sich anschließend vor ihn. Dabei hält Ihr Kind dem Hund die Hand mit dem Leckerli vor die Nase und fordert den Hund dazu auf, das Leckerli, an das er nicht herankommt, zu entnehmen. Jetzt wartet Ihr Kind, bis der Hund seine Pfote von selbst auf die Hand des Kindes legt. In genau diesem Moment gibt Ihr Kind nun das Hörzeichen „Pfötchen" und öffnet gleichzeitig seine Hand. Sobald das Pfötchengeben geklappt hat, muss Ihr Kind den Hund selbstverständlich noch ausgiebig loben.

Trotz Liebe und Zuneigung werden Kleinkinder von den meisten Hunden in der Regel nicht als Sozialpartner akzeptiert. Toben Hunde und Kinder miteinander, geht es manchmal ziemlich ruppig vor, und Hunde reagieren auf das Zwicken und Zwacken der Kleinkinder dann sehr empfindlich. Eltern sollten in solchen Situationen immer darauf achten, dass das Spielen für beide angenehm bleibt. Wenn kleine Malheure passieren, sollten dann jedoch weder das Kind noch der Hund ausgeschimpft werden, sondern es sollte nach der ersten Wundheilung mit dem Kind über die Situation gesprochen werden.

Sollte der Hund das Kind anknurren oder sogar nach ihm schnappen, müssen Eltern in jedem Fall beobachten, in welchen Situationen der Hund mit diesem Verhalten reagiert, und erzieherisch eingreifen bzw. diese Situationen in Zukunft vermeiden. Oftmals sind Kinder noch nicht in der Lage, die vorausgehenden Anzeichen eines Hundes zu erkennen, und übertreten beim Vierbeiner deshalb öfter mal seine Akzeptanzgrenze. Aus diesem Grund ist es umso wichtiger, dass Eltern immer anwesend sind. Welpen und Kleinkinder sind hierbei ganz besondere Fälle, da beide die Regeln des Lebens noch lernen müssen und, wenn auch unabsichtlich, ziemlich grob werden können.

Zum Schutz des Kindes ist zudem eine weitgehende Aufklärung wichtig. So sollten Kinder niemals einen fremden Hund streicheln, wenn sie nicht vorher um die Erlaubnis des Hundebesitzers gebeten haben. Es gibt mitunter einige Hunde, die mit Abwehr auf Kinder reagieren. Außerdem sind Hunde lärmempfindlich und reagieren auf unvermittelte sowie hektische Bewegungen oftmals mit Knurren, Schnappen, Anspringen oder Bellen. Absolut tabu für Kinder ist außerdem, dass sie den Hund in die Enge treiben, Gegenstände nach ihm werfen oder ihn treten. Stattdessen sollten Kinder lernen, dass sie sich umsichtig verhalten und ihr Temperament dem Vierbeiner anpassen müssen, wenn sie sich in seiner Nähe befinden. Das gilt insbesondere für öffentliche Plätze, an denen Hunde auslaufen.

Es wird immer Hunde geben, die sich in der Konstellation innerhalb ihrer Familie nicht wohlfühlen und vom Geräuschpegel gestresst sind oder Angst vor den Kindern haben. Sollten Sie das Gefühl haben, dass sich Ihr Hund nicht wohl fühlt oder es ihm nicht gut geht, wenden Sie sich am besten entweder an einen auf Verhaltensmedizin spezialisierten Tierarzt oder einen qualifizierten Hundetrainer. Fachleute sind in der Lage, die Situation adäquat einzuschätzen, und wissen, wie sich der Zustand verbessern lässt. Anbei finden Sie außerdem eine Checkliste für Kind-Hund-Freundschaften, die sich speziell an Ihr Kind richtet und die Sie ihm einfach vorlesen können:

Checkliste für Kind-Hund-Freundschaften

1. Betrachte die Körpersprache deines Hundes immer genau. Wenn er nicht spielen möchte, lass ihn in Ruhe.
2. Ziehe deinen Hund niemals an seinen Ohren, seinem Fell oder an seiner Rute.
3. Starre deinem Hund nicht in die Augen.
4. Mache neben deinem Hund keinen Lärm, treib ihn nicht in die Enge, wirf keine Gegenstände nach ihm und trete ihn niemals.
5. Störe deinen Hund nicht, wenn er gerade frisst, und ziehe niemals deine Hand von deinem Hund weg, wenn du ihm Futter anbietest.
6. Störe deinen Hund nicht beim Ruhen oder wenn er in seinem Körbchen liegt.
7. Wenn dein Hund knurrt, ist das seine Art, „Lass das sein!" zu sagen, und du solltest ihn sofort in Ruhe lassen.
8. Macht dein Hund dir Angst oder zerrt an dir, laufe nicht schreiend weg, sondern bleibe ruhig stehen und dreh dich einfach von ihm weg.
9. Bevor du fremde Hunde streichelst, musst du erst deren Besitzer fragen.

10. Von raufenden Hunden solltest du dich immer fernhalten und niemals dazwischengehen.
11. Gehe niemals ohne Begleitung bzw. Aufsicht eines Erwachsenen mit deinem Hund Gassi.

STRASSENVERKEHR

In vielen Dingen ist die Erziehung eines Hundes mit der von kleinen Kindern vergleichbar. Alles ist ganz neu und jeder Tag bringt neue und ungewohnte Dinge mit sich, an die sich die Vierbeiner tagtäglich gewöhnen und die sie lernen müssen. Doch bei der Erziehung von Hunden sind nicht nur grundlegende Dinge wie Stubenreinheit, Gehorsamkeit und Grundkommandos wichtig, sondern auch die Gewöhnung an den Straßenverkehr ist ein wesentlicher Bestandteil jeder Hundeerziehung. Einige Hunde sind den vielen Trubel einer Großstadt gewohnt, da sie täglich damit konfrontiert werden. Doch viele andere Hunde kommen nicht so häufig in eine solche Situation und reagieren auf die unzähligen Autos, die Fahrräder, die Roller, die lauten Geräusche, die Menschen und natürlich auch auf die anderen Hunde mit Unsicherheit und Angst.

Grundsätzlich müssen Hunde bereits aus Sicherheitsgründen im Straßenverkehr angeleint sein. Dabei sollte der Hund möglichst an der kurzen Leine geführt werden. Dadurch kann ein zu weiter Auslauf zum nächsten Baum, unter die Parkbank, zur Menschenmenge an der Ecke oder zu Gebäudemauern verhindert werden. Die Nähe zu seinem Halter wird ihm außerdem ein Gefühl von Vertrautheit sowie Geborgenheit vermitteln. Einen Hund an den Straßenverkehr zu gewöhnen bedeutet, klein anzufangen und den Prozess der Gewöhnung sukzessiv zu steigern. Besitzer sollten zudem darauf achten, die ersten Wege im Straßenverkehr nicht während der täglichen Rushhour zu machen. Denn der Hund wird erst einmal vollkommen damit beschäftigt sein, sich an die neuen Geräusche und Gerüche, die für ihn noch ungewohnt sind, zu gewöhnen.

Darüber hinaus gehört zu einem wohlwollenden Gewöhnungsprozess, dass die neue Situation für den Hund so stressfrei und entspannt wie nur möglich verläuft. Es ist also besser, eine Sache nach der anderen anzugehen, als den Hund sinngemäß ins kalte Wasser zu schubsen. In Vorbereitung auf das gemeinsame Erlebnis in einer belebten Stadt können ganz junge Welpen zu Beginn in einer Tasche oder einem Körbchen durch die Stadt mitgenommen werden. Die Eingewöhnung ist für den kleinen Vierbeiner schon aufregend genug, da kann man ihm ruhig die erste Erfahrung, sich in einer Menschenmasse behaupten zu müssen, ersparen. Außerdem verläuft dieser zweite Gewöhnungsschritt später dann umso stressfreier.

In der Regel ist der erste Gang in die Stadt jedoch erst dann angemessen, wenn der angeleinte Hund die Basics der Erziehung beherrscht und diese natürlich auch beherzigt. Bevor wir einen Hund mit durch belebte Straßen nehmen, sollte er in jedem Fall wissen, wann er gehen darf, wann er muss und wann er soll. Darüber hinaus muss der Hund in der Lage sein, gemeinsam mit seinem Besitzer ruhig an einer Bordsteinkante stehenzubleiben und die Aufforderung von seinem Herrchen, das Überqueren der Straße abzuwarten, auch strikt befolgen. Bei seinen ersten Besuchen in einer belebten Stadt fühlt sich ein Hund sicherer, wenn er am Rand hin zu den Gebäuden läuft und nicht mitten auf dem Fußweg. Denn auf der einen Seite verlaufen die Gebäude und auf der anderen Seite wird der Vierbeiner durch eine ihm vertraute Person geschützt. Damit können Halter zudem überraschende Konfrontationen mit anderen Hunden vermeiden.

Auch der Kontakt zu anderen Passanten ist ein Bestandteil der Gewöhnung an den Straßenverkehr. Wahrscheinlich werden auch noch andere Menschen begeistert von Ihrem kleinen Vierbeiner sein, ihn streicheln und ihm etwas Gutes tun wollen. Da Ihr Hund bislang jedoch nur mit Ihnen und eventuell auch mit Ihren Angehörigen zu tun hatte, bedeutet diese neue Situation für ihn Stress und Reiz gleichermaßen. Aus diesem Grund sollten Sie Ihren Vierbeiner immer mit einem Leckerli für sein zunehmend liebes und ruhiges Verhalten belohnen. Er wird die Belohnung mit seinen Verhaltensweisen assoziieren und innerhalb kürzester Zeit zu einem tollen Passanten des Straßenverkehrs heranwachsen.

§ 28 StVO

Im Straßenverkehr gibt es nicht nur für uns Menschen, sondern auch für Tiere spezielle Verkehrsregeln, die in **Paragraph 28 der Straßenverkehrsordnung (StVO)** niedergeschrieben sind. Gemäß dem ersten Absatz des Paragraphen sind Haus- und Stalltiere, die eine Gefährdung für den Verkehr sein könnten, der Straße fernzuhalten. Im Straßenverkehr sind sie lediglich in **Begleitung** von **geeigneten Personen** zugelassen, die aufgrund von **ausreichender Erfahrung** auf sie einwirken können. Dabei ist es **verboten**, die **Tiere aus den Kraftfahrzeugen heraus zu leiten**. Hunde dürfen jedoch von **Fahrrädern** geführt werden. Rennt ein Hund also urplötzlich auf die Straße, stellt sein Verhalten mindestens eine

Verkehrsbehinderung dar, die im schlimmsten Fall zu einem schweren Unfall führen kann.

Werden Hunde in einem Auto mitgenommen, gelten für den Transport die allgemeinen Vorgaben zur Ladung. Hundebesitzer müssen demnach gewährleisten, dass ihr Hund selbst bei einer unerwarteten Vollbremsung ausreichend gesichert ist. Die Sicherung ist zum Beispiel durch eine entsprechende Transportbox oder ein Hundegitter im Kofferraum möglich.

PROBLEME MIT DEM HUND

In der Regel wenden sich Hundebesitzer mit den immer gleichen Problemen an Tierexperten, wobei die Mehrheit der Schwierigkeiten, die Halter und Hunde gemeinsam haben, auf einer instabilen Rangordnung innerhalb der Familie beruhen. Doch selbst die typischen Probleme erledigen sich von selbst, wenn man die Ordnung wieder herstellt.

Der Hund gibt seinen Stock nicht ab

Oftmals wollen Hunde ihr Spielzeug nicht abgeben, müssen aber lernen, dass der Stock Eigentum ihres Besitzers ist. Um Ihrem Hund beizubringen, dass er sein Spielzeug abgeben soll, geben Sie Ihrem Hund am besten das Kommando „Platz“, werfen anschließend den Stock und holen sich ihn selbst wieder. Sobald Ihr Hund nach Wurf aufstehen sollte, beginnen Sie die Übung von neu. Wenn Sie die Übung mehrere Male am Tag ausprobieren, wird Ihr Hund schnell lernen, dass Sie der Eigentümer des Stockes sind.

Der Hund läuft beim Spazieren weg und ignoriert den Rückruf

Reagiert Ihr Hund nicht mehr auf Ihren Rückruf, folgt er instinktiv seinem angeborenen Jagdtrieb. Sobald er einmal eine Fährte aufgenommen hat, hört er nicht mehr auf Sie. Seinen Jagdtrieb können Sie nur dann unterbrechen, wenn Sie ihn aufmerksam beobachten und ihn frühzeitig zu sich rufen. Wenn er zu Ihnen kommt, belohnen Sie ihn am besten mit einem Leckerli.

Beim Fressen darf niemand in der Nähe des Hundes sein

Lassen Sie Ihren Hund, während Sie sein Futter vorbereiten, auf seinem Platz sitzen und lassen Sie ihn nicht eher zu sich kommen, bevor Sie ihn auch gerufen haben. Sobald es an der Zeit für Ihren Hund ist, zu fressen, müssen Sie ihm signalisieren, dass er sofort zu seinem Napf laufen und fressen darf. Bleiben Sie während seiner Mahlzeit neben ihm stehen und nehmen den Napf, sobald er leer ist, wieder mit. Ist Ihr Hund aber noch mit dem Fressen beschäftigt, sollten Sie den Napf niemals frühzeitig entfernen, da Sie ansonsten nur seine Aggression fördern würden.

Der Hund will nicht alleine bleiben

Wenn Ihr Hund nicht allein bleiben will, verzichten Sie zunächst auf Begrüßungs- und Abschiedsrituale. Bleiben Sie anfangs nicht länger als fünf Minuten weg und dehnen Sie den Zeitraum dann langsam, aber stetig aus. Außerdem sollten Sie Ihren Hund erst einmal ignorieren, wenn Sie kommen oder wenn Sie gehen. Um Gewohnheiten zu durchbrechen und Ihrem Hund zu zeigen, dass Sie der Chef im Haus sind, sollten Sie zudem einfach mal mit der Leine in den Keller sprinten oder mit Jacke Kaffee trinken. Damit fördern Sie das Vertrauen zwischen Ihnen und Ihrem Hund, der damit zunehmend sicherer wird.

Der Hund hört nicht auf, zu bellen

Die Bellfreudigkeit von Hunden ist zwar angeboren, außerdem aber auch rassespezifisch, denn die einen Hunde bellen mehr und die anderen weniger. Darüber hinaus gibt es noch weitere Gründe, die dazu beitragen, dass Hunde vermehrt bellen. Zu nennen wären hierbei etwa Angst, Unsicherheit oder Schutzinstinkte. Je nachdem, welche Ursache dem Bellen zugrunde liegt, kann es kontrolliert werden oder nicht. In jedem Fall sollten Sie dafür sorgen, dass Ihr Hund ausgeglichen ist und sich nicht langweilt. Eine andere Herangehensweise wäre, das Bellen des Hundes einfach mal zu ignorieren, um ihm zu symbolisieren, dass er mit diesem Verhalten nicht weit kommt.

Der Hund hört nicht auf seinen Namen

Hunde sollten bereits im Welpenalter an ihren Namen gewöhnt werden. Außerdem sind Welpen besonders lernfähig, weshalb sich das Üben des Namens bereits in jungen Jahren empfiehlt. Hört Ihr Hund dann beim Gassigehen oder dann, wenn Sie mit ihm ohne Leine spazieren gehen, nicht auf seinen Namen, arbeiten Sie am besten wieder mit Belohnungen.

Stellen Sie sich neben Ihrem Vierbeiner auf und sagen Sie seinen Namen in einer ruhigen und neutralen Stimmlage. Anschließend belohnen Sie ihn direkt. Wiederholen Sie diese Übung nun mehrmals am Tag an unterschiedlichen Orten. Grundsätzlich gilt: Je öfter Sie üben, umso mehr Ablenkungen können Sie in das Training einbauen. Außerdem sollten Sie die Übung auch in Ihren Alltag einbauen und während ganz normaler Situationen üben.

Sobald Sie der Meinung sind, oft genug geübt zu haben, können Sie das Gelernte kontrollieren. Dazu rufen Sie den Namen Ihres Hundes, während er Sie entweder nicht sieht oder abgelenkt ist. Wenn er seine Ohren spitzt, sich umdreht oder Sie womöglich sogar anschaut, hat er die Verbindung zwischen dem Namen und sich selbst verinnerlicht und gelernt, dass dieser etwas Positives bedeutet. Aus diesem Grund sollten Sie immer auch darauf achten, dass Sie den Namen Ihres Vierbeiners in einem freundlichen bis normalen Ton rufen, um die positive Verknüpfung bei Ihrem Hund aufrechtzuerhalten. Demnach sollten Sie seinen Namen, wenn Sie dann doch einmal mit ihm schimpfen, am besten nicht verwenden.

Der Hund springt andere Menschen an

In der Regel springen Hunde Menschen an, um diese zu begrüßen, ihnen ihre freudige Unterwerfung zu zeigen oder um nach Aufmerksamkeit, Futter, Spiel- oder Streicheleinheiten zu betteln. Deshalb ist das Anspringen eines Hundes auch keinesfalls böse gemeint. Doch in manchen Situationen ist dieses Verhalten des Hundes unangebracht – zum Beispiel, wenn Ihr Hund fremde Menschen mit heller Kleidung anspringt. Um Ihrem Vierbeiner das Anspringen abzugewöhnen, dürfen Sie ihn in erster Linie nicht belohnen. Zusätzlich sollten Sie auf jedes Anspringen ein eindeutiges Kommando, wie zum Beispiel „Nein“ in normaler Lautstärke, folgen lassen. Möchten Sie diesem Kommando mehr Nachdruck verleihen, können Sie außerdem die Pfoten Ihres Hundes vorsichtig zu Boden führen.

Der Rüde geht beim Spaziergang auf andere angeleinte Rüden los

Immer, wenn Ihr Hund aggressiv reagiert, sollten Sie sein Handeln mit einem Unterbrechungssignal ignorieren, wie beispielsweise dem Klimpern mit einem Schlüsselbund. Darüber hinaus sollten Sie mit Ihrem Hund üben, nicht erwünschte Verhaltensweisen auf das gewählte Geräusch hin zu unterbinden. Befolgt er Ihre Anweisungen, belohnen Sie ihn am besten mit einem Leckerli.

ALLTÄGLICHE REGELN ZUR KONFLIKTVERMEIDUNG

Checkliste

1. Auf ihrer Reise des Lebens durchleben Hunde viele verschiedene Phasen, von denen einige Ihnen mehr Geduld abverlangen werden als andere.
2. Zieht Ihr Welpe in sein neues Zuhause ein, sollten Sie ihm ausreichend Zeit geben, um sich an die neue Umgebung zu gewöhnen. Außerdem sollten Sie Stromkabel, Deko, für Hunde giftige Pflanzen, Chemikalien, auf dem Boden herumliegende kleine Teile und Co. wegräumen.
3. Bestrafen Sie Ihren Vierbeiner und insbesondere Welpen nicht und schreien Sie ihn nicht an, wenn mal ein Malheur passiert. Stattdessen sollten Sie mit Ihrem Hund immer positiv sprechen und sein gutes Verhalten bestätigen. Belohnen Sie gutes Verhalten zudem mit Leckerlis.
4. Kaufen Sie Ihrem Hund lieber weniger Spielzeug, damit er nicht den Überblick verliert und beginnt, Ihre Schuhe oder andere Gegenstände als Kauartikel zu verwenden.
5. Achten Sie darauf, dass die Rangordnung innerhalb Ihrer Familie zu jeder Zeit eindeutig und klar ist.
6. Beobachten Sie Ihren Hund und lernen Sie, seine Körpersprache zu verstehen. Achten Sie gleichzeitig aber auch auf Ihre eigene Körpersprache und die Signale, die Sie Ihrem Hund auch ohne Worte senden.
7. Bringen Sie Ihren Hund regelmäßig zu Routine- und Vorsorgeuntersuchungen sowie Impfungen, um Krankheiten sowie Angst- und Aggressionsverhalten und die Gesundheit von Ihrem Hund und Ihnen zu jeder Zeit zu garantieren.
8. Informieren Sie sich über verschiedene Versicherungsformen, um im Krankheitsfall bzw. in einem durch Ihren Hund verschuldeten Ernstfall finanziell

abgesichert zu sein. Informieren Sie sich im Zuge dessen über die in Ihrem Bundesland geltenden Bestimmungen zwecks Leinenzwang, Hundeverbot und Co.
9. Melden Sie Ihren Hund bei der Gemeinde zur Hundesteuer an und befestigen Sie die Steuermarke am Halsband Ihres Hundes.
10. Entsorgen Sie die Hinterlassenschaften Ihres Hundes und informieren Sie Ihren Vermieter über Ihren felligen Nachwuchs.
11. Lassen Sie Ihr Kind niemals unbeaufsichtigt mit Ihrem Hund.
12. Leinen Sie Ihren Hund im Straßenverkehr an.
13. Wenn Sie Ihren Hund im Auto mitnehmen, stellen Sie sicher, dass er ausreichend gesichert ist.
14. Bewahren Sie immer die Ruhe, da sich Ihre Hektik und Ihre Aufregung immer auch auf Ihren eigenen Hund übertragen.

FRAGEN ZUR VORBEREITUNG FÜR DIE THEORIEPRÜFUNG

Frage 1: Welche Aspekte des täglichen Lebens sollten gut durchdacht werden, bevor man sich einen Hund anschafft?

a) Man sollte sich überlegen, ob man eigene Kinder hat, da Kinder und Hunde nicht kompatibel sind.
b) Man sollte sich über die Abstammung des Hundes informieren und nur Hunde bei sich aufnehmen, die hoch prämierte Elterntiere haben.
c) Man sollte eine Liste mit vielen Leuten anlegen, denen man seinen neuen Hund innerhalb der ersten zwei Wochen vorstellen möchte.
d) Man sollte sich Gedanken darüber machen, ob die Rasseveranlagung des ausgewählten Hundes zum eigenen Lebensstil passt.

Frage 2: Wenn man sich einen neuen Hund anschafft, muss dieser ...

a) kastriert bzw. sterilisiert werden.
b) bei der Gemeinde zur Hundesteuer angemeldet werden.
c) zwingend in einem Haustierregister registriert werden.
d) bereits im Vorfeld stubenrein sein.

Frage 3: Wie sollten Sie sich verhalten, wenn Sie Ihren Hund beim Spazieren frei herumlaufen lassen und Ihnen plötzlich ein Jogger entgegenkommt?

a) Sie sollten eine Weile mit dem Jogger mitrennen, um Ihren Hund von dem fremden Menschen abzulenken, da er sich ausschließlich auf Sie konzentrieren wird.

b) Sie brauchen nichts zu unternehmen, da Ihr Hund dem Jogger höchstens nachlaufen, ihn aber nicht belästigen oder gar beißen wird.

c) Sie sollten Ihren Hund zu sich rufen, ihn anleinen und erst dann wieder loslassen, wenn Sie mit Sicherheit wissen, dass Ihr Hund dem Jogger nicht nachjagen wird.

d) Sie sollten den entgegenkommenden Jogger freundlich bitten, langsam zu laufen, um Ihren Hund nicht dazu zu verleiten, dass er ihm hinterherläuft.

Frage 4: Wie sollten Sie sich verhalten, wenn Ihr Hund in der Öffentlichkeit frei herumläuft und Ihnen plötzlich eine Mutter entgegenkommt, die Ihr Kleinkind an der Hand hält?

a) Sie sollten Ihren Hund zu sich rufen und ihn an die Leine nehmen.

b) Da Ihr Hund kinderlieb ist, lassen Sie ihn das Kind beschnuppern.

c) Da Ihr Hund keine Kinder mag, bitten Sie die Mutter, dass sie ihr Kind auf den Arm nimmt.

d) Sie erklären der Mutter mit ruhigen Worten, dass Ihr Hund lieb ist und nichts tut.

Frage 5: Wer ist für die Entfernung vom Kot eines Hundes verantwortlich?)

a) Das Ordnungsamt

b) Die Stadt bzw. die Gemeinde

c) Der Hundebesitzer

d) Niemand, weil Hundekot nicht entfernt werden muss.

Frage 6: Was tun Sie, wenn Sie mit Ihrem Hund beim Spazieren an einem Kinderspielplatz vorbeikommen?

a) Da Ihr Hund nur ab und zu kritisch in der Nähe von Kindern reagiert und diese anbellt oder ihnen hinterherrennt, sollten Sie ihn vorsichtshalber unter Kontrolle nehmen.

b) Da Hunde von Natur aus kinderlieb sind, müssen Sie nichts weiter beachten.

c) In der Nähe von Kinderspielplätzen sollten Sie Ihren Hund grundsätzlich immer anleinen, um zu vermeiden, dass sich jemand gefährdet und/oder belästigt fühlt oder dass Ihr Hund auf dem Spielplatz sein Geschäft verrichtet.
d) Insofern sich keine Kinder auf dem Spielplatz befinden, können Sie Ihren Hund einfach über den Spielplatz laufen lassen.

Frage 7: Wie sollten Sie sich verhalten, wenn Sie mit Ihrem freilaufenden Hund spazieren gehen und Ihnen plötzlich Menschen entgegenkommen?
a) Da Ihr Hund niemandem etwas tut, können Sie ihn einfach weiter frei herumlaufen lassen.
b) Sie leinen Ihren Hund an.
c) Sie rufen Ihren Hund zu sich und halten ihn mit Worten unter Kontrolle, bis die Menschen an Ihnen vorbeigegangen sind.
d) Sie müssen Ihren Hund nur dann unter Kontrolle nehmen, wenn er in der Vergangenheit vermehrt aggressive Verhaltensweisen gezeigt hat bzw. schon einmal jemanden gebissen hat.

Frage 8: Was muss beachtet werden, wenn man seinen Hund im Auto mitnimmt?
a) Der Hund sollte vorne auf dem Beifahrersitz sitzen.
b) Der Hund sollte im Kofferraum sitzen.
c) Der Hund sollte gesichert, zum Beispiel in einer Transportbox auf dem Rücksitz, transportiert werden.
d) Es muss nichts beachtet werden.

Frage 9: Was muss bei der Verwendung von Leckerlis beim Training mit Hunden berücksichtigt werden?
a) Zur Belohnung des Hundes sollte immer nur sein normales Futter verwendet werden, denn Hunde, die im Training aus ihrer Perspektive qualitativ bessere Leckerlis erhalten, wollen ihr normales Futter nicht mehr fressen.
b) Wenn man den Hund mit Trockenfutter füttert, darf für sein Training kein Feuchtfutter verwendet werden, weil die verschiedenen Futterarten Verdauungsprobleme beim Hund verursachen könnten.
c) Die Menge der verwendeten Leckerlis muss von der vorgesehenen Menge der Hundemahlzeiten abgezogen werden.

d) Der Hersteller von Trockenfutter hat bei der Mengenangabe bereits eine entsprechende Menge von Zusatzfutter eingeplant, weshalb auch mehrere Leckerlis zusätzlich zum Futter gegeben werden können.

Frage 10: Wie sollte man sich verhalten, wenn ein fremder Hund auf einen und sein eigenes Kind zugerannt kommt?

a) Man sollte ganz ruhig bleiben und sich zwischen sein Kind und den Hund stellen.

b) Man sollte die Arme hochreißen und den Hund anschreien.

c) Man sollte dem Hund tief in die Augen schauen und ihn davonjagen.

d) Man sollte sein Kind aus der Gefahrenzone bringen, indem man es hochhebt.

Frage 11: Sollte man seine Kinder unbeaufsichtigt mit seinem Hund lassen?

a) Ja, insofern die Kinder und der Hund bereits zusammenleben, weil Hunde niemals eigene Rudelmitglieder beißen würden.

b) Ja, insofern der Hund die Kinder kennt und mag.

c) Nur dann, wenn es sich beim Hund um einen Welpen handelt.

d) Nein, eine Aufsicht ist notwendig, da es immer zu kritischen Situationen kommen kann.

Frage 12: Welche Umstände sollten gegeben sein, damit man seinen Hund in der Öffentlichkeit mit anderen Hunden spielen lassen kann?

a) Im Hundeauslaufgebiet kann man seinen Hund immer mit anderen Hunden spielen lassen.

b) In der Öffentlichkeit darf man seinen Hund niemals mit anderen Hunden spielen lassen, wenn durch die spielenden Hunde entweder andere Tiere oder Menschen gefährdet werden könnten oder diese sich belästigt fühlen könnten oder wenn sie an einer Straße spielen oder angeleint sind.

c) In der Öffentlichkeit darf man seinen Hund mit anderen Hunden spielen lassen, wenn im Vorfeld mit den anderen Hundebesitzern besprochen wurde, dass der Spielkontakt erwünscht ist und die Hunde zudem frei laufen können.

d) In der Öffentlichkeit darf man seinen Hund an der Straße nur dann mit anderen Hunden spielen lassen, wenn diese angeleint sind und dadurch nicht auf die Fahrbahn laufen könnten.

Frage 13: Was sollte ein Hundebesitzer tun, um rechtlich abgesichert zu sein, falls sein Hund einen Schaden verursacht?

a) Der Hundebesitzer sollte seinen Hund gut erziehen.

b) Der Hundebesitzer sollte im Anschluss an den Vorfall einen guten Rechtsanwalt aufsuchen.

c) Der Hundebesitzer sollte den Vorfall bei der zuständigen Gemeinde melden.

d) Der Hundebesitzer sollte eine Haftpflichtversicherung abschließen.

Frage 14: Beim Spaziergang mit Ihrem Hund kommen Ihnen Menschen entgegen, die sich aufgrund Ihres Hundes sehr unwohl fühlen. Was machen Sie?

a) Ich versichere den fremden Menschen, dass mein Hund ganz brav ist und ihnen nichts tun wird.

b) Ich rufe meinen Hund und erkläre ihm durch Mimik und Gestik, dass die anderen Menschen Angst vor ihm haben, er deshalb aber nicht traurig sein muss.

c) Ich leine meinen Hund umgehend an, damit sich niemand durch meinen Hund bedroht fühlt.

d) Wenn ich mit meinem Hund an einem Ort spazieren gehe, an dem kein Hundeverbot herrscht, muss ich nichts weiter machen.

Frage 15: Wie wird der Hund aus dem Auto geholt, wenn man an einer stark befahrenen Straße geparkt hat?

a) Man lässt den Hund aus dem Auto aussteigen und gibt ihm sofort das Kommando „Sitz“.

b) Man lässt den Hund aus dem Auto aussteigen, ruft ihn dann zu sich und leint ihn an.

c) Man gibt dem Hund ein Leckerli und lässt ihn dann aus dem Auto springen.

d) Man leint den Hund im Auto an und lässt ihn dann erst aussteigen.

Frage 16: Ist das Abschließen einer Haftpflichtversicherung für den Hund sinnvoll?

a) Ja, es ist sinnvoll, weil jeder Hund einen Schaden verursachen kann, für den sein Besitzer aufkommen muss.

b) Nein, das ist nicht sinnvoll, sondern eher Geldverschwendung.

c) Eine Haftpflichtversicherung ist nur für Listenhunde sinnvoll.

d) Eine Haftpflichtversicherung ist per Tierschutzgesetz vorgeschrieben.

Frage 17: Ist es sinnvoll, seinen Hund durch einen Mikrochip zu kennzeichnen?

a) Nein, es ist nicht sinnvoll, weil ein Mikrochip lediglich ein Accessoire ist.

b) Nein, es ist nicht sinnvoll, weil ein Mikrochip für einige Hunderassen gesundheitsschädlich ist.

c) Ja, es ist sinnvoll, weil sich Hunde über den Mikrochip ihren Besitzern zuordnen lassen.

d) Ja, es ist sinnvoll, weil Mikrochips Parasiten fernhalten.

Praktische Prüfung: Übungskatalog

Die praktische Prüfung des Hundeführerscheins ist eine Einzelprüfung, bei der jedes Mensch-Hund-Team bei verschiedenen Aufgaben sowie Begegnungssituationen allein geprüft wird. Dabei kann der Prüfende die jeweiligen Aufgaben nach eigener Einschätzung mehrfach sowie in wechselnder Abfolge abverlangen, muss jedoch jede Aufgabe mindestens einmal prüfen. Sollte eine der erforderlichen Begegnungen bereits in einer natürlichen Situation überprüft worden sein, kann der Prüfende die Überprüfung der gestellten Begegnung entfallen lassen. Diese Entscheidung obliegt jedoch einzig und allein dem Prüfenden. Die Prüfung hat, je nach Bundesland, eine Gesamtdauer von etwa 60-90 Minuten. Die praktische Prüfung findet an zwei verschiedenen Orten in drei verschiedenen Umgebungen statt. Zu Beginn wird in einem belebten, **öffentlichen Bereich mit unterschiedlichen Reizen** geprüft. Der erste Übungsteil soll dabei den **Charakter eines Spaziergangs** haben. Die einzelnen Übungen und die allgemeinen Verhaltensweisen von Besitzer und Hund werden im Verlauf in der Öffentlichkeit geprüft. Bei den einzelnen Übungen kann der Halter selbstständig entscheiden, ob er seinen Hund **freilaufend oder angeleint** führt. Nach Möglichkeit sollen für alle Übungen, bei denen eine Begegnung mit einem Menschen geprüft wird, andere Menschen zum Einsatz kommen. Außerdem sollen sich die Hunde, die als Ablenkung eingesetzt werden, neutral gegenüber dem zu prüfenden Hund verhalten. Anschließend wird der zweite Übungsteil in einem **innerstädtischen Bereich mit verschiedenen** Reizen geprüft. Dieser Übungsteil soll den **Charakter eines Stadtbummels** haben, wobei die jeweiligen Übungen und das allgemeine Verhalten von Ihnen und Ihrem Hund in der Öffentlichkeit geprüft werden. Bei den Übungen wird Ihr Hund dieses Mal ausschließlich **angeleint** geprüft. Grundsätzlich sind folgende Hilfsmittel und Signale bei der praktischen Prüfung zulässig:

- Halsband, das fest verschnallbar ist
- Halsband, das einen Zugstopp hat
- Maulkorb
- Leine, Schleppleine, Brustgeschirr
- Kopfhalftersystem
- Hundepfeife, Clicker

PRAKTISCHE PRÜFUNG: ABLENKUNGSARME UMGEBUNG IN EINEM ÖFFENTLICHEN BEREICH

Grundaufgaben

Verharren: Ihr Hund bleibt locker an der Leine neben Ihnen, während Sie mit einer anderen Tätigkeit beschäftigt sind. Die Haltung, die Ihr Hund dabei einnimmt, ist gleichgültig. Wichtig ist, dass er nicht an der Leine zieht. Die Übung gilt als nicht bestanden, wenn Ihr Hund an der Leine zieht und nicht neben Ihnen bleibt.

Rückruf: Ihr Hund befindet sich im Freilauf oder innerhalb eines begrenzten Freilaufes, indem Sie ihn an eine 10 bis 15 Meter lange Schleppleine anleinen. Während des gesamten Freilaufs sollen Sie Ihren Hund nun im Blick behalten. Wichtig ist, dass sich Ihr Hund dabei immer nur so weit von Ihnen entfernt, dass er immer noch rückrufbar ist. Aus einer Entfernung von 10 Metern sollen Sie Ihren Hund, auf Anweisung des Prüfenden, nun zu sich zurückrufen. Hierfür ist auch der Einsatz einer Pfeife erlaubt. Die Aufgabe Ihres Hundes ist es, auf Ihr Signal zu Ihnen zurückzukommen und solange vor, neben oder hinter Ihnen zu bleiben, bis Sie ihn wieder in den freien Lauf bzw. in den begrenzten Lauf schicken. Dabei gibt es jedoch keine bestimmte Position, die dem Hund hierbei vorgeschrieben wird. Er darf seine Position selbst wählen und auch mehrfach wechseln. Sollte Ihr Hund Ihr Signal ignorieren und auch ein zweites Signal unbeachtet lassen, gilt die Übung als nicht erfolgreich bestanden. Außerdem gilt die Übung als nicht bestanden, wenn Ihr Hund mehr als einen Meter an Ihnen vorbeiläuft, nachdem Sie ihn gerufen haben, oder wenn Ihr Hund Sie anspringen, anstupsen oder anrempeln sollte.

Rückruf trotz Ablenkung: Ihr Hund befindet sich im Freilauf oder innerhalb eines begrenzten Freilaufes, indem Sie ihn an eine 10 bis 15 Meter lange Schleppleine anleinen. Während des gesamten Freilaufs sollen Sie Ihren Hund nun im Blick behalten. Wichtig ist, dass sich Ihr Hund dabei immer nur so weit von Ihnen entfernt, dass er immer noch rückrufbar ist.

Ihre Aufgabe ist es nun, Ihren Hund, bei der Begegnung mit einem anderen Menschen bzw. mit einem Mensch-Hund-Team, zurückzurufen und ihn selbstständig zu der Seite zu nehmen, an der Ihr Hund mit dem entgegenkommenden Menschen oder dem Mensch-Hund-Team keinen direkten Kontakt hat, oder einen solchen Abstand einzunehmen, dass zum entgegenkommenden Menschen oder dem Mensch-Hund-Team eine respektvolle Distanz gegeben ist. Auch hierfür ist der Einsatz einer Pfeife erlaubt. Ihr Hund soll währenddessen entweder entspannt an Ihrer Seite oder an der Leine gehen. Gerne können Sie auch einfach stehen bleiben und Ihren Hund auffordern, neben, vor oder hinter sich zu bleiben. Dabei gibt es jedoch keine bestimmte Position, die dem Hund hierbei vorgeschrieben wird. Er darf seine Position selbst wählen und auch mehrfach wechseln. Sollte Ihr Hund Ihr Signal ignorieren und auch ein zweites Signal unbeachtet lassen, gilt die Übung als nicht erfolgreich bestanden. Außerdem gilt die Übung als nicht bestanden, wenn Ihr Hund mehr als einen Meter an Ihnen vorbeiläuft, nachdem Sie ihn gerufen haben, oder wenn Ihr Hund Sie anspringen, anstupsen oder anrempeln sollte. Darüber hinaus gilt die Übung als nicht bestanden, wenn Ihr Hund dauerhaft an einer unter starker Spannung stehenden Leine laufen sollte oder sich Ihr Hund mehrfach öfter als zwei Meter von Ihnen entfernt. Die Übung gilt zudem als nicht bestanden, wenn Sie keine Rücksicht nehmen und Ihren Hund selbstständig auf die Seite nehmen sollten, auf der er mit dem entgegenkommenden Menschen oder dem Mensch-Hund-Team keinen direkten Kontakt hat. Darüber hinaus kann die praktische Prüfung nicht bestanden werden, wenn sich der Hund dem entgegenkommenden Menschen oder Hund gegenüber aggressiv verhält oder diesen sogar belästigt.

Handling: Beim Handling sollen Sie zeigen, dass Sie in der Lage sind, jeden Körperteil Ihres Hundes zu berühren und anschließend zu kontrollieren. Während der Kontrolle soll sich Ihr Hund ruhig verhalten und entspannen. Bei der Überprüfung schauen Sie in beide Ohren Ihres Hundes und heben beide Lefzen hoch, damit Sie seine Zähne anschauen können. Im Anschluss heben Sie außerdem jede Pfote Ihres Vierbeiners einzeln an, um die Pfotenballen zu kontrollieren. Die

Übung gilt als nicht bestanden, wenn Ihr Hund mit deutlichen Anzeichen versucht (z. B. Hecheln), sich der Überprüfung zu entziehen.

PRAKTISCHE PRÜFUNG: ÖFFENTLICHER BEREICH

Grundaufgaben

Leinenführigkeit: Sie führen Ihren freilaufenden oder angeleinten Hund, der ganz entspannt und locker in Ihrer Nähe oder an der Leine laufen sollte.

Das Einnehmen einer Position infolge eines Signals: Bei dieser Übung fordern Sie Ihren Hund zunächst dazu auf, an einem bestimmten Ort zu bleiben. Dabei wird Ihr Hund jedoch durch Ihre 10 bis 15 Meter lange Leine begrenzt. Anschließend entfernen Sie sich 10 Schritte von Ihrem Hund und stellen sich ihm gegenüber auf, während Sie ihn anschauen. Dabei dürfen Sie sich entweder mit dem Rücken zu Ihrem Hund oder ihm zugewandt entfernen. Nach etwa fünf Sekunden gibt der Prüfende die Anweisung, dass Sie wieder zu Ihrem Hund zurückgehen dürfen. Sollte Ihr Hund die ihm anfangs zugewiesene Position verlassen und mehr als einen Meter auf sie zukommen, gilt die Übung als nicht erfolgreich bestanden. Außerdem gilt die Übung als nicht bestanden, wenn Ihr Hund Sie anspringen, anstupsen oder anrempeln sollte.

Das Einnehmen einer Position trotz Ablenkung: Auch bei dieser Übung fordern Sie Ihren Hund zunächst dazu auf, an einem bestimmten Ort zu bleiben. Dabei wird Ihr Hund jedoch durch Ihre 10 bis 15 Meter lange Leine begrenzt. Anschließend entfernen Sie sich 10 Schritte von Ihrem Hund und stellen sich ihm gegenüber auf, während Sie ihn anschauen. Dabei dürfen Sie sich entweder mit dem Rücken zu Ihrem Hund oder ihm zugewandt entfernen.

Nun werden Sie und Ihr Hund in einer Entfernung von rund fünf Metern von einem sich schnell bewegenden Reiz passiert. Hierfür wird einer der folgenden Reize ausgewählt: ein rollender Ball, Jogger, Fahrradfahrer, Skateboardfahrer, Rollerfahrer, Inlinefahrer, Rollschuhfahrer. Nachdem der schnell bewegende Reiz passiert ist und Sie die Anweisung vom Prüfenden erhalten haben, gehen Sie wieder zurück zu Ihrem Hund. Sollte Ihr Hund die ihm anfangs zugewiesene Position verlassen und mehr als einen Meter auf Sie zukommen, gilt die Übung als nicht erfolgreich bestanden. Außerdem gilt die Übung als nicht bestanden, wenn Ihr Hund Sie anspringen, anstupsen oder anrempeln sollte.

Begegnungsaufgaben

Begegnung mit einem Menschen: Sie begegnen einem anderen Menschen und sollen Ihren Hund nun selbstständig zur Seite nehmen, sodass Ihr Hund keinen direkten Kontakt zum entgegenkommenden Menschen aufnimmt, bzw. Abstand nehmen und dem entgegenkommenden Menschen somit respektvoll Distanz übermitteln. Währenddessen soll Ihr Hund locker und entspannt bleiben. Gerne können Sie auch einfach stehen bleiben und Ihren Hund auffordern, neben, vor oder hinter sich zu bleiben. Dabei gibt es jedoch keine bestimmte Position, die dem Hund hierbei vorgeschrieben wird. Er darf seine Position selbst wählen und auch mehrfach wechseln. Sollte Ihr Hund jedoch dauerhaft an einer unter starker Spannung stehenden Leine laufen, entfernt sich Ihr Hund mehrfach öfter als zwei Meter von Ihnen oder müssen Sie ihn permanent ermahnen, weil Sie ihn freilaufend begleiten bzw. bei ihm bleiben müssen, gilt die Übung nicht als erfolgreich bestanden. Die Übung gilt außerdem als nicht bestanden, wenn Sie keine Rücksicht nehmen sollten und Ihren Hund selbstständig auf die Seite nehmen, auf der er mit dem entgegenkommenden Menschen keinen direkten Kontakt hat. Darüber hinaus kann die praktische Prüfung nicht bestanden werden, wenn sich der Hund dem entgegenkommenden Menschen gegenüber aggressiv verhält oder diesen sogar belästigt.

Begrüßung: Sie begegnen gemeinsam mit Ihrem Hund einem anderen Menschen, wobei Sie in einer Distanz von etwa zwei Metern stehen bleiben und sich begrüßen sollten. Während der Begrüßung sollte Ihr Hund entspannt sein und entweder neben oder hinter Ihnen warten. Dabei gibt es jedoch keine bestimmte Position, die dem Hund hierbei vorgeschrieben wird. Er darf seine Position selbst wählen und auch mehrfach wechseln. Sollte Ihr Hund jedoch dauerhaft an einer unter starker Spannung stehenden Leine laufen, entfernt sich Ihr Hund mehrfach öfter als zwei Meter von Ihnen oder müssen Sie ihn permanent ermahnen, weil Sie ihn freilaufend begleiten bzw. bei ihm bleiben müssen, gilt die Übung nicht als erfolgreich bestanden. Die Übung gilt außerdem als nicht bestanden, wenn Ihr Hund während der Wartezeit ständig an der Leine zerrt oder in diese hineinbeißt oder wenn er Verhaltensweisen zeigt, die auf die anwesende Person störend wirken könnten. Nichtsdestotrotz ist es Ihnen erlaubt, Ihren Hund einmalig dazu aufzufordern, sich ruhig zu verhalten. Darüber hinaus kann die praktische Prüfung nicht bestanden werden, wenn sich der Hund dem entgegenkommenden Menschen gegenüber aggressiv verhält oder diesen sogar belästigt.

Begegnung mit Personen oder Objekten mit außergewöhnlichen Bewegungsmustern: Sie begegnen gemeinsam mit Ihrem Hund einem Menschen, der ein ungewöhnliches Erscheinungsbild aufweist. Hierfür wird ein Mensch mit einem der nachfolgenden Reize ausgesucht: Mensch im Rollstuhl, Mensch mit Krücken, Mensch mit Rollator, Mensch mit Nordic-Walking-Stöcken, Mensch mit Kinderwagen, jedoch ohne Kind, Mensch mit ausgefallener Bekleidung, Mensch mit einem ausgefallenen Gang, ein Motorradfahrer mit Helm.

Wenn Sie dem Menschen mit dem ungewöhnlichen Erscheinungsbild begegnen, sollen Sie Ihren Hund selbstständig zu der Seite nehmen, an der Ihr Hund mit dem entgegenkommenden Menschen keinen direkten Kontakt hat, oder einen solchen Abstand einnehmen, dass zum entgegenkommenden Menschen eine respektvolle Distanz gegeben ist. Gerne können Sie auch einfach stehen bleiben und Ihren Hund auffordern, neben, vor oder hinter sich zu bleiben. Dabei gibt es jedoch keine bestimmte Position, die dem Hund vorgeschrieben wird. Er darf seine Position selbst wählen und auch mehrfach wechseln. Sollte Ihr Hund jedoch dauerhaft an einer unter starker Spannung stehenden Leine laufen, entfernt sich Ihr Hund mehrfach öfter als zwei Meter von Ihnen oder müssen Sie ihn permanent ermahnen, weil Sie ihn freilaufend begleiten bzw. bei ihm bleiben müssen, gilt die Übung nicht als erfolgreich bestanden. Die Übung gilt außerdem als nicht bestanden, wenn Sie keine Rücksicht nehmen und Ihren Hund selbstständig auf die Seite nehmen, auf der er mit dem entgegenkommenden Menschen keinen direkten Kontakt hat. Darüber hinaus kann die praktische Prüfung nicht bestanden werden, wenn sich der Hund dem entgegenkommenden Menschen gegenüber aggressiv verhält oder diesen sogar belästigt.

Schnell bewegliche Objekte: Sie begegnen gemeinsam mit Ihrem Hund zwei sich schnell bewegenden Reizen, die jeweils aufeinander folgen. Hierfür werden von den Prüfenden zwei von den nachfolgenden Reizen ausgesucht: ein rollender Ball, Jogger, Fahrradfahrer, Skateboardfahrer, Rollerfahrer, Inlinefahrer, Rollschuhfahrer.

Einer der zwei ausgewählten Reize kommt Ihnen und Ihrem Hund entgegen, wobei Sie von dem zweiten Reiz überholt werden. Hierbei sollen Sie Ihren Hund selbstständig zu der Seite nehmen, an der Ihr Hund mit dem passierenden Menschen nicht in den direkten Kontakt kommt, oder einen solchen Abstand einnehmen, dass im Moment des Passierens eine respektvolle Distanz gegeben ist. Gerne können Sie auch einfach stehen bleiben und Ihren Hund auffordern, neben, vor oder hinter sich zu bleiben. Dabei gibt es jedoch keine bestimmte Position, die dem Hund hierbei vorgeschrieben wird. Er darf seine Position selbst wählen und auch mehrfach wechseln. Sollte Ihr Hund jedoch dauerhaft an einer unter starker Spannung stehenden Leine laufen, entfernt sich Ihr Hund mehrfach öfter als zwei Meter von Ihnen oder müssen Sie ihn permanent ermahnen, weil Sie ihn freilaufend begleiten bzw. bei ihm bleiben müssen, gilt die Übung nicht als erfolgreich bestanden. Die Übung gilt außerdem als nicht bestanden, wenn Sie keine Rücksicht nehmen und Ihren Hund selbstständig auf die Seite nehmen, auf der er mit dem passierenden Menschen keinen direkten Kontakt hat. Darüber hinaus kann die praktische Prüfung nicht bestanden werden, wenn sich der Hund dem entgegenkommenden Menschen gegenüber aggressiv verhält oder diesen sogar belästigt.

Begegnung mit einem Team aus Mensch und Hund: Sie begegnen gemeinsam mit Ihrem Hund einem Team aus Mensch und Hund. Hierbei sollen Sie Ihren Hund wieder selbstständig zu der Seite nehmen, an der Ihr Hund mit dem entgegenkommenden Mensch-Hund-Team keinen direkten Kontakt hat, oder einen solchen Abstand einnehmen, dass zum entgegenkommenden Menschen eine respektvolle Distanz gegeben ist. Gerne können Sie auch einfach stehen bleiben und Ihren Hund auffordern, neben, vor oder hinter sich zu bleiben. Dabei gibt es jedoch keine bestimmte Position, die dem Hund vorgeschrieben wird. Er darf seine Position selbst wählen und auch mehrfach wechseln. Sollte Ihr Hund jedoch dauerhaft an einer unter starker Spannung stehenden Leine laufen, entfernt sich Ihr Hund mehrfach öfter als zwei Meter von Ihnen oder müssen Sie ihn permanent ermahnen, weil Sie ihn freilaufend begleiten bzw. bei ihm bleiben müssen, gilt die Übung nicht als erfolgreich bestanden. Die Übung gilt außerdem als nicht bestanden, wenn Sie keine Rücksicht nehmen und Ihren Hund selbstständig auf die Seite nehmen sollten, auf der er mit dem entgegenkommenden Menschen keinen direkten Kontakt hat. Darüber hinaus kann die praktische Prüfung nicht bestanden werden, wenn sich der Hund dem entgegenkommenden Menschen gegenüber aggressiv verhält oder diesen sogar belästigt.

Abbruch von einer nicht erwünschten Handlung: Sie werden vom Prüfenden darauf hingewiesen, dass etwas für Ihren Hund sehr Verlockendes, z. B. ein belegtes Brötchen oder eine Wurst, in der Nähe auf dem Boden liegt. Ihr Hund soll diese

Verlockung zwar wahrnehmen und sichtlich an dieser interessiert sein, jedoch darf die Verlockung nicht sichtbar für Ihren Hund ausgelegt werden. Ihre Aufgabe ist es nun, Ihren Hund davon abzuhalten, der Verlockung nachzugehen. Dabei dürfen Sie auf Ihren Hund jedoch weder mit der Leine noch anderweitig körperlich einwirken. Sollte Ihr Hund jedoch dauerhaft an einer unter starker Spannung stehenden Leine laufen, entfernt sich Ihr Hund mehrfach öfter als zwei Meter von Ihnen oder müssen Sie ihn permanent ermahnen, weil Sie ihn freilaufend begleiten bzw. bei ihm bleiben müssen, gilt die Übung nicht als erfolgreich bestanden. Die Übung gilt außerdem als nicht bestanden, wenn Sie Ihren Hund nicht davon abhalten können, die Verlockung aufzunehmen.

Anlegen bzw. Tragen eines Maulkorbes: Nun müssen Sie Ihrem Hund einen passenden Maulkorb anlegen und anschließend mit Ihrem Hund mindestens 30 Schritte gehen. Während des Anlegens des Maulkorbes sollte sich Ihr Hund ruhig verhalten und Sie anschließend entspannt begleiten. Sollte Ihr Hund jedoch dauerhaft an einer unter starker Spannung stehenden Leine laufen, entfernt sich Ihr Hund mehrfach öfter als zwei Meter von Ihnen oder müssen Sie ihn permanent ermahnen, weil Sie ihn freilaufend begleiten bzw. bei ihm bleiben müssen, gilt die Übung nicht als erfolgreich bestanden. Die Übung gilt außerdem als nicht bestanden, wenn Ihr Hund mit deutlichen Anzeichen versucht, sich der Überprüfung zu entziehen. Hierzu zählen etwa Hecheln oder der Versuch, den Maulkorb abzustreifen.

Ruhiges Verhalten während einer längeren Situation des Wartens: Setzen Sie sich auf eine Bank bzw. auf eine ähnliche Sitzgelegenheit und warten Sie für mindestens zwei Minuten. Der Prüfende wird Ihnen das Ende der Wartezeit mitteilen. Ihr Hund darf währenddessen vor, hinter oder neben Ihnen warten, wobei es jedoch keine bestimmte Position gibt, die dem Hund vorgeschrieben wird. Er darf seine Position selbst wählen und auch mehrfach wechseln. Gerne können Sie Ihren Hund auch dazu auffordern, auf einer Decke zu warten. Während der Wartezeiten laufen dann verschiedene Menschen und/oder Mensch-Hund-Teams an Ihnen vorbei. Sollte Ihr Hund während der Wartezeit jedoch dauerhaft an der Leine zerren, in diese hineinbeißen oder ein Verhalten zeigen, das auf anwesende Personen störend wirken könnte, gilt die Übung nicht als erfolgreich bestanden. Nichtsdestotrotz ist es Ihnen erlaubt, Ihren Hund einmalig dazu aufzufordern, sich ruhig zu verhalten. Darüber hinaus kann die praktische Prüfung nicht bestanden werden, wenn sich der Hund den vorbeilaufenden Menschen oder anderen Hunden gegenüber aggressiv verhält oder diese sogar belästigt.

Freilauf mit Stoppen auf Signal: Ihr Hund befindet sich im Freilauf oder innerhalb eines begrenzten Freilaufes, indem Sie ihn an eine 10 bis 15 Meter lange Schleppleine anleinen. Während des gesamten Freilaufs sollen Sie Ihren Hund nun im Blick behalten, wobei sich Ihr Hund maximal 30 Meter von Ihnen entfernen darf. Wichtig ist, dass sich Ihr Hund dabei immer nur so weit von Ihnen entfernt, dass er immer noch zu stoppen ist.

Nun sollen Sie Ihren Hund, aus einer Entfernung von mindestens 10 Metern und nach Anweisung des Prüfenden, aus der Bewegung heraus zum Stoppen sowie zum Warten auffordern. Auch hierfür ist der Einsatz einer Pfeife erlaubt. Die Aufgabe Ihres Hundes ist es, auf das Signal hin zu stoppen und zu bleiben, bis der Prüfende Ihnen nach etwa fünf Sekunden die Anweisung erteilt, Ihren Hund wieder in den freien Lauf bzw. in den begrenzten Freilauf zu schicken. Dabei gibt es jedoch keine bestimmte Position, die dem Hund vorgeschrieben wird. Sollte Ihr Hund Ihr Signal ignorieren und auch ein zweites Signal unbeachtet lassen, gilt die Übung als nicht erfolgreich bestanden. Außerdem gilt die Übung als nicht bestanden, wenn Ihr Hund mehr als einen Meter an Ihnen vorbeiläuft, nachdem Sie ihn gestoppt haben, oder wenn Ihr Hund Sie anspringen, anstupsen oder anrempeln sollte.

Freilauf mit Stoppen auf Signal trotz Ablenkung: Ihr Hund befindet sich im Freilauf oder innerhalb eines begrenzten Freilaufes, indem Sie ihn an eine 10 bis 15 Meter lange Schleppleine anleinen. Während des gesamten Freilaufs sollen Sie Ihren Hund nun im Blick behalten, wobei sich Ihr Hund maximal 30 Meter von Ihnen entfernen darf. Wichtig ist, dass sich Ihr Hund dabei immer nur so weit von Ihnen entfernt, dass er immer noch zu stoppen ist.

Ihre Aufgabe ist es nun, Ihren Hund bei der Begegnung mit einem sich schnell bewegenden Reiz zu stoppen und anschließend zum Warten aufzufordern. Hierfür wird einer der folgenden Reize ausgewählt: ein rollender Ball, Jogger, Fahrradfahrer, Skateboardfahrer, Rollerfahrer, Inlinefahrer, Rollschuhfahrer. Nachdem der schnell bewegende Reiz passiert ist und Sie die Anweisung vom Prüfenden erhalten haben, gehen Sie wieder zurück zu Ihrem Hund. Hierfür ist außerdem der Einsatz einer Pfeife erlaubt. Auf das Signal hin soll Ihr Hund stoppen und dort so lange bleiben, bis der sich schnell bewegende Reiz passiert ist und Sie ihn wieder in den freien Lauf bzw. in den begrenzten Freilauf schicken.

Dabei gibt es jedoch keine bestimmte Position, die dem Hund hierbei vorgeschrieben wird. Sollte Ihr Hund Ihr Signal ignorieren und auch ein zweites Signal unbeachtet lassen, gilt die Übung als nicht erfolgreich bestanden. Außerdem gilt die Übung als nicht bestanden, wenn Ihr Hund mehr als einen Meter an Ihnen vorbeiläuft, nachdem Sie ihn gestoppt haben, oder wenn Ihr Hund Sie anspringen, anstupsen oder anrempeln sollte. Darüber hinaus kann die praktische Prüfung nicht bestanden werden, wenn sich der Hund dem entgegenkommenden Menschen gegenüber aggressiv verhält oder diesen sogar belästigt.

PRAKTISCHE PRÜFUNG: INNERSTÄDTISCHER BEREICH

Grundaufgaben

Leinenführigkeit: Sie führen Ihren freilaufenden oder angeleinten Hund, der ganz entspannt und locker in Ihrer Nähe oder an der Leine laufen sollte.

Ein- und Aussteigen in bzw. aus dem Auto: Zu Beginn der Übung holen Sie Ihren Hund aus einem auf dem Parkplatz parkenden Auto heraus und achten dabei darauf, dass Ihr Hund zu jeder Zeit gesichert ist. Entweder heben Sie Ihren Hund aus dem Auto heraus, lassen ihn nach einem Signal aus dem Auto herausspringen oder Sie lassen ihn das Auto über eine Rampe verlassen. In jedem Fall soll sich Ihr Hund danach wieder sofort an Ihnen orientieren.
Anschließend fordern Sie Ihren Hund dazu auf, wieder zurück ins Auto zu springen bzw. über eine Rampe wieder ins Auto einzusteigen. Wichtig hierbei ist, dass Ihr Hund im Vorfeld ruhig gewartet haben muss, während Sie das Auto geöffnet haben. Gerne können Sie Ihren Hund aber auch ins Auto hineinheben. Im Auto wartet Ihr Hund dann ruhig und entspannt darauf, dass Sie das Auto schließen. Achten Sie auch hierbei unbedingt wieder darauf, dass Ihr Hund zu jeder Zeit gesichert ist. Sollte Ihr Hund entweder aus dem Auto heraus oder in das Auto hineinspringen, bevor Sie ihm das entsprechende Signal dazu erteilt haben, gilt die Übung als nicht erfolgreich bestanden. Die praktische Prüfung kann außerdem nicht bestanden werden, wenn Sie Ihren Hund beim Ein- oder Aussteigen nicht kontrollieren können und Ihr Hund entweder andere Menschen belästigt oder aber entweicht und damit die öffentliche Sicherheit gefährdet.

Abbruch einer nicht erwünschten Handlung durch Auslegen eines Futterstücks: Halten Sie Ihrem Hund eine begehrte Verlockung, zum Beispiel ein belegtes Brötchen oder eine Wurst, vor. Ihr Hund soll diese Verlockung wahrnehmen und sichtlich an dieser interessiert sein. Ihre Aufgabe ist es nun, Ihren Hund davon abzuhalten, die Verlockung aus Ihrer Hand zu nehmen. Dabei dürfen Sie auf Ihren Hund jedoch weder mit der Leine noch anderweitig körperlich auf ihn einwirken. Die Übung gilt als nicht bestanden, wenn Sie Ihren Hund nicht davon abhalten können, die Verlockung aufzunehmen. Darüber hinaus kann die praktische Prüfung nicht bestanden werden, wenn sich der Hund den anderen Menschen und Hunden gegenüber aggressiv verhält oder diese sogar belästigt.

Begegnungsaufgaben

Leinenführigkeit inklusive Überqueren einer sehr belebten Straße: Bewegen Sie sich gemeinsam mit Ihrem Hund im innerstädtischen Bereich, in dem es viele verschiedene Reize und Ablenkungen gibt. Wenn Sie anderen Menschen begegnen, sollen Sie Ihren Hund überall, wo dies möglich ist, selbstständig zu der Seite nehmen, an der Ihr Hund mit den entgegenkommenden Menschen keinen direkten Kontakt hat, oder einen solchen Abstand einnehmen, dass zum entgegenkommenden Menschen eine respektvolle Distanz gegeben ist. Währenddessen soll Ihr Hund die ganze Zeit locker und entspannt an der Leine laufen.

Im Verlauf Ihres gemeinsamen Stadtrundgangs bewegen Sie sich dabei auch durch eine enge Situation, zum Beispiel durch zwei nahestehende Pfosten, hindurch. Weiterhin halten Sie an einer Straße an, die stark befahren ist. Währenddessen sollte Ihr Hund entspannt sein und entweder neben oder hinter Ihnen warten. Dabei gibt es jedoch keine bestimmte Position, die dem Hund vorgeschrieben wird. Er darf seine Position selbst wählen und auch mehrfach wechseln. Sobald es die Verkehrssituation zulässt, überqueren Sie gemeinsam mit Ihrem angeleinten Hund die Straße. Sollte Ihr Hund jedoch dauerhaft an einer unter starker Spannung stehenden Leine laufen, gilt die Übung nicht als erfolgreich bestanden. Die Übung gilt außerdem als nicht bestanden, wenn Sie keine Rücksicht nehmen und Ihren Hund selbstständig auf die Seite nehmen sollten, auf der er mit dem entgegenkommenden Menschen keinen direkten Kontakt hat, oder er keinen respektvollen Abstand einhält. Außerdem gilt die Übung als nicht bestanden, wenn Ihr Hund dauerhaft an der Leine zerren sollte, in diese hereinbeißt oder irgendeine Verhaltensweise zeigt, die auf anwesende Menschen störend wirken könnte. Nichtsdestotrotz ist es Ihnen erlaubt, Ihren Hund einmalig dazu aufzufordern, sich ruhig zu verhalten. Darüber hinaus kann die praktische Prüfung nicht bestanden werden, wenn sich der Hund den anderen Menschen und Hunden gegenüber aggressiv verhält oder diese sogar belästigt.

Warten in einer engen Situation inklusive Gebäude: Sie bleiben gemeinsam mit Ihrem angeleinten Hund in einer Menge von mindestens sechs weiteren Menschen stehen. Dabei darf Ihr Hund neben, vor oder hinter Ihnen warten, denn es gibt keine bestimmte Position, die dem Hund hierbei vorgeschrieben wird. Er darf seine Position selbst wählen und auch mehrfach wechseln.

Oftmals wird diese Übung bereits im Zuge der zweiten Übung geprüft, zum Beispiel, wenn Sie gemeinsam mit Ihrem Hund an einer Ampel warten. Sie sollten erkennen, falls sich Ihr Hund unwohl fühlt, und ihn dann in eine Position bringen, in der er zu anderen Menschen keinerlei Kontakt hat. Darüber hinaus bleiben Sie gemeinsam mit Ihrem angeleinten Hund in einer Menge von mindestens sechs weiteren Menschen in einem Gebäude stehen. Hierfür soll eine enge Situation, wie beispielsweise in einem Aufzug, hergestellt werden. Auch hier darf Ihr Hund wieder neben, vor oder hinter Ihnen warten. Es gibt keine bestimmte Position, die dem Hund hierbei vorgeschrieben wird. Er darf seine Position selbst wählen und auch wieder mehrfach wechseln. Auch in diesem zweiten Schritt sollten Sie erkennen, falls sich Ihr Hund unwohl fühlt, und ihn dann in eine Position bringen, in der er zu anderen Menschen keinerlei Kontakt hat. Sollte Ihr Hund dauerhaft an der Leine zerren, in diese hineinbeißen oder irgendeine Verhaltensweise zeigen, die auf anwesende Menschen störend wirken könnte, gilt die Übung als nicht erfolgreich bestanden. Nichtsdestotrotz ist es Ihnen erlaubt, Ihren Hund einmalig dazu aufzufordern, sich ruhig zu verhalten. Darüber hinaus kann die praktische Prüfung nicht bestanden werden, wenn sich der Hund den anderen Menschen und Hunden gegenüber aggressiv verhält oder diese sogar belästigt.

Ruhiges Verhalten in einer Situation des Wartens: Setzen Sie sich gemeinsam mit Ihrem angeleinten Hund in ein Restaurant oder ein Café. Die Genehmigung zur Durchführung der Prüfung muss dafür im Vorfeld von den Prüfenden eingeholt werden. Anschließend warten Sie zwei Minuten, wobei das Ende dieser Wartezeit durch den Prüfenden bekannt gegeben wird. Ihr Hund darf neben, vor oder hinter Ihnen warten. Es gibt keine bestimmte Position, die dem Hund hierbei vorgeschrieben wird. Er darf seine Position selbst wählen und auch mehrfach wechseln. Außerdem dürfen Sie Ihren Hund dazu auffordern, auf einer Decke zu warten. Während Sie gemeinsam warten, laufen viele verschiedene Menschen oder sogar Mensch-Hund-Teams an Ihnen vorbei. Sollte Ihr Hund dauerhaft an der Leine zerren, in diese hineinbeißen oder irgendeine Verhaltensweise zeigen, die auf anwesende Menschen störend wirken könnte, gilt die Übung als nicht erfolgreich bestanden. Nichtsdestotrotz ist es Ihnen erlaubt, Ihren Hund einmalig dazu aufzufordern, sich ruhig zu verhalten. Darüber hinaus kann die praktische Prüfung nicht bestanden werden, wenn sich der Hund den anderen Menschen und Hunden gegenüber aggressiv verhält oder diese sogar belästigt.

Bonus: Das Rundum-Basistraining in 5 Wochen

WOCHE 1

Montag	• Kommando: Blickkontakt (Kapitel „Grundkommandos")
Dienstag	• Kommando: Sitz und Platz (Kapitel „Grundkommandos")
Mittwoch	• Kommando: Blickkontakt, Sitz und Platz (Kapitel „Grundkommandos")
Donnerstag	• Kommando: Bleib, Nein und Aus (Kapitel „Grundkommandos")
Freitag	• Kommando: Bleib, Nein und Aus (Kapitel „Grundkommandos")
Samstag	• Kommando: Blickkontakt, Sitz und Platz (Kapitel „Grundkommandos")
Sonntag	• Kommando: Hier, Bei Fuß und Bei Mir (Kapitel „Grundkommandos")

WOCHE 2

Montag	• Kommando: Hier, Bei Fuß und Bei Mir (Kapitel „Grundkommandos")
Dienstag	• Kommando: Blickkontakt, Sitz und Platz (Kapitel „Grundkommandos")
Mittwoch	• Kommando: Bleib, Nein und Aus (Kapitel „Grundkommandos")
Donnerstag	• Kommando: Bleib, Nein und Aus (Kapitel „Grundkommandos")
Freitag	• Kommando: Hier, Bei Fuß und Bei Mir (Kapitel „Grundkommandos")
Samstag	• Kommando: Hier, Bei Fuß und Bei Mir (Kapitel „Grundkommandos")
Sonntag	• Kommando: Bleib, Nein und Aus (Kapitel „Grundkommandos")

WOCHE 3

Montag	• Kommando: Bleib, Nein und Aus (Kapitel „Grundkommandos")
Dienstag	• Kommando: Blickkontakt, Sitz und Platz (Kapitel „Grundkommandos")
Mittwoch	• Kommando: Hier, Bei Fuß und Bei Mir (Kapitel „Grundkommandos")
Donnerstag	• Kommando: Hier, Bei Fuß und Bei Mir (Kapitel „Grundkommandos")
Freitag	• Kommando: Blickkontakt, Sitz und Platz (Kapitel „Grundkommandos")
Samstag	• Kommando: Bleib, Nein und Aus (Kapitel „Grundkommandos")

Sonntag	• Kommando: Pfötchen geben (Kapitel „Kinder & Hunde")

WOCHE 4

Montag	• Kommando: Pfötchen geben (Kapitel „Kinder & Hunde")
Dienstag	• Das Versteckspiel (Kapitel „Verhalten")
Mittwoch	• Apportierspiel (Kapitel „Verhalten")
Donnerstag	• Kommando: Blickkontakt, Sitz und Platz (Kapitel „Grundkommandos")
Freitag	• Kommando: Pfötchen geben (Kapitel „Kinder & Hunde")
Samstag	• Kommando: Die Rolle (Kapitel „Kinder & Hunde")
Sonntag	• Kommando: Die Rolle (Kapitel „Kinder & Hunde")

WOCHE 5

Montag	• Apportierspiel (Kapitel „Verhalten")
Dienstag	• Konzentration I und Konzentration II (Kapitel „Verhalten")
Mittwoch	• Kommando: Bleib, Nein und Aus (Kapitel „Grundkommandos")
Donnerstag	• Kommando: Hier, Bei Fuß und Bei Mir (Kapitel „Grundkommandos")
Freitag	• Kommando: Pfötchen geben und Die Rolle (Kapitel „Kinder & Hunde")
Samstag	• Konzentration I und Konzentration II (Kapitel „Verhalten")
Sonntag	• Wiederholung aller Grundkommandos (Kapitel „Grundkommandos")

Ein Bund fürs Leben

Obgleich Hunde eigentlich von Wölfen abstammen, haben sie sich im Laufe der Zeit zu zahmen und treuen Haustieren entwickelt. Da die Menschen vor mindestens 15.000 Jahren damit begonnen haben, Wölfe in Haustiere abzurichten, sind Hunde heutzutage die älteste domestizierte Art. Durch das Zusammenleben mit unseren Vorfahren begannen die Wölfe nicht nur, sich an die sozialen Regeln der Menschen anzupassen, sondern veränderten, aufgrund von Züchtung und Domestizierung, auch immer mehr ihr Äußeres. Aus der Beziehung, die einst durch tiefe Feindschaft geprägt war, entstand eine innige Freundschaft, ohne die wir uns unser Leben nicht mehr vorstellen können.

Mag uns unser Hund, vor allem im Welpenalter, auch noch so einige graue Haare kosten, wenn er wieder mal an unseren Schuhen knabbert, in eine neue Entwicklungsphase eintritt oder ein Malheur auf dem Wohnzimmerteppich geschieht, ist der Tag, an dem wir ihn vom Züchter abholen, der Tag, der unser Leben auf den Kopf stellt und für immer verändert. Lange haben wir uns nun etliche Gedanken darüber gemacht, ob wir uns einen Hund anschaffen möchten, von wo wir ihn am besten holen, was wir wohl alles beachten müssen, welche rechtlichen Aspekte auf uns zukommen und welche Rasse es denn überhaupt werden soll. Schließlich sind alle Welpen unglaublich süß und jeder hat seine ganz individuellen optischen sowie charakterlichen Eigenschaften und Wesenszüge.

Als wir dann endlich den für uns und unseren Lebensstil passenden Hund gefunden haben, kam der lang ersehnte Tag, an dem unser kleiner Vierbeiner bei uns eingezogen ist, und sofort war klar: In ihm haben wir einen neuen besten Freund gefunden. Und ganz gleich, ob wir manchmal mit seinem Gehorsam zu kämpfen hätten, ob er die Rangordnung in Frage stellt, ungewöhnliche aggressive Verhaltensweisen zeigen sollte oder erkrankt, wir würden ihn schätzen, lieben und ihm das Leben schenken, das er verdient hat.

Die Bindung, die wir während unserer gemeinsamen Zeit zu unserem Hund aufgebaut haben, wird von Tag zu Tag stärker und wir könnten uns unser Leben ohne unsere Fellnase gar nicht mehr vorstellen – ein Bund, der ein Leben lang hält und der mit jedem Tag nur noch stärker und unzertrennlicher wird.

Lösungen

BASISWISSEN 1 – ALLGEMEINES

Frage 1:
d) vom Wolf
Frage 2:
b) Die Haustierwerdung vom Wolf zum Hund.
Frage 3:
b) In Abhängigkeit der jeweiligen Rasse besitzen Hunde unterschiedliche genetische Veranlagungen und damit auch charakterliche Eigenschaften.
Frage 4:
c) Hunde ernähren sich durch die Jagd auf Beutetiere, weil sie Jagdraubtiere sind.
Frage 5:
b) der größte kynologische Dachverband
Frage 6:
a) Ja, denn alle Hunde sind jagdlich motiviert. Je nach individueller Veranlagung ist das Jagdverhalten bei einigen mehr und bei anderen weniger stark ausgeprägt.
Frage 7:
c) Sie liefert Auskunft über die Abstammung des Hundes.
Frage 8:
b) Der neue Hund muss nicht nur zu seinem Besitzer, sondern auch zum bereits vorhandenen Hund passen.
Frage 9:
d) Nein, die Beißhemmung muss als Welpe durch das Spielen mit gleichaltrigen Hunden sowie Menschen erst erlernt werden.
Frage 10:
c) Der Hund schleicht sich an, steht vor und schüttelt seine Beute.
Frage 11:
b) Die Tierschutzorganisation, durch die der Hund vermittelt wurde, muss nicht nur Informationen über den Charakter des Hundes weitergeben, sondern auch über seinen gesundheitlichen Zustand und darüber hinaus auch noch nach der Vermittlung für Fragen seitens des neuen Besitzers zur Verfügung stehen.
Frage 12:
c) Wenn der Hund mehr als sechs Stunden pro Tag allein sein müsste.
Frage 13:
b) Ja, es ist artgerecht, einen Hund einzeln zu halten, weil Hunde zwar an den Kontakt zu Artgenossen gewohnt sind, sie jedoch auch ohne Probleme mit Menschen in einer Gemeinschaft leben können.
Frage 14:
d) Der Hund hat jeden Tag ausreichend und mehrmaligen Sozialkontakt und wird mehrere Stunden pro Tag körperlich sowie geistig gefordert.
Frage 15:
d) Es ist keine geerbte Verhaltensweise.

Frage 16:
b) Infolge der Domestikation haben sich Hunde entwickelt, wodurch sie sich in Verhalten und Aussehen von den Wölfen unterscheiden.
Frage 17:
a) der Hund Aggressivität zeigt, die über das natürliche Maß hinausgeht.

BASISWISSEN 2 – WELPENKUNDE

Frage 1:
d) Ein seriöser Züchter gibt gerne Auskunft über seine Hunde, integriert die Welpen in seine Familie, setzt sie während ihrer Aufzuchtphasen verschiedenen Reizen aus und klärt die Interessenten neben allgemeinen Informationen auch über potentielle Nachteile der gewählten Rasse auf.
Frage 2:
b) Infolge langer und häufiger Zwingerhaltungen können Hunde Defizite im Sozialverhalten gegenüber Artgenossen und Menschen zeigen
Frage 3:
a) Wenn dem Welpen ein Malheur passiert ist, sollte man ihn mit seiner Nase reinstupsen.
Frage 4:
c) 58 bis 68 Tage
Frage 5:
c) Säugen und Schlafen
Frage 6:
b) nach 12 bis 13 Tagen
Frage 7:
a) 4. bis 12. Lebenswoche
Frage 8:
d) geimpft und mehrmals entwurmt sein.
Frage 9:
d) Überaggressive Verhaltensweisen sind überhaupt nicht beeinflussbar.
Frage 10:
c) Welpen müssen schon früh auf Kinder sozialisiert werden
Frage 11:
b) mindestens 8 Wochen
Frage 12:
d) Es gibt einen anregenden Spielbereich, den die Welpen zur Verfügung haben. In diesem können sie viele verschiedene Reize kennenlernen. Außerdem dürfen sie zu vielen verschiedenen Menschen Kontakt haben und sich im Garten austoben.
Frage 13:
b) Die ersten drei Lebensmonate eines Hundes sind so wichtig, weil Hunde während dieser Zeit Erfahrungen sammeln, die in ihrer Zukunft als Vergleichsmaßstab dienen, und da sich ihr Gehirn während dieser Zeit besonders schnell entwickelt.
Frage 14:
d) Der Welpe sollte viele verschiedene Menschen sowie alle wichtigen Reize der Umgebung kennenlernen. Allerdings muss dieser Vorgang immer individuell angepasst werden, damit der Welpe die Reize auch adäquat verarbeiten kann.

Frage 15:
b) Ja, deshalb muss ein Welpe immer ausreichend Zeit zur Verarbeitung der Reize bekommen. Ein Überangebot an Reizen kann dazu führen, dass der Welpe schreckhafte Verhaltensweisen entwickelt.
Frage 16:
d) Es gibt keinen „Welpenschutz", da der Welpe durch angemessenes, unterwürfiges sowie beschwichtigendes Verhalten „geschützt" wird.
Frage 17:
c) So früh wie möglich, was – je nach Ausrichtung der Gruppe – bereits in einem Alter von sechs oder acht Wochen sein kann.

BASISWISSEN 3 – LERNTHEORIE & VERHALTEN

Frage 1:
d) Sichtzeichen, Gehör und Körperkontakt
Frage 2:
a) innerhalb von 0.5 bis 1 Sekunde
Frage 3:
c) Rolle
Frage 4:
b) Der Hund sollte sofort belohnt werden.
Frage 5:
c) Die naturgegebene Gesellschaftsform von Hunden im Rudel ist hierarchisch aufgebaut.
Frage 6:
a) Geht der Hund regelmäßig als Sieger aus Rauf- und Zerrspielen hervor, steigert das sein Selbstbewusstsein.
Frage 7:
a) Unter Umständen könnte sich der Hund bedroht fühlen und aggressiv reagieren oder scheu und unsicher werden, weil er zu seinem Besitzer kein Vertrauen mehr hat.
Frage 8:
c) Man sollte forderndes und aufdringliches Verhalten eines Hundes ignorieren und darauf achten, dass man selbst zumeist zu gemeinsamen Aktivitäten auffordert.
Frage 9:
a) souveräner er auftritt und je konsequenter er aufmerksamkeitssuchendes Verhalten des Hundes ignoriert.
Frage 10:
d) Der Hund schränkt die Bewegungsfreiheit seines Besitzers ein und ignoriert ihn in gewissen Situationen.
Frage 11:
c) Man sollte einfach stehen bleiben und versuchen, mit einem ruhigen Schritt auszuweichen
Frage 12:
b) Sie sollten sich ruhig umdrehen und gehen.

Frage 13:
c) Die Hunde wollen sich gegenseitig imponieren und messen, wer von beiden der stärkere ist.
Frage 14:
a) Der andere Hund zeigt Ihrem Hund gegenüber unterwürfiges Verhalten.
Frage 15:
c) Sie sollten Ihren Hund umgehend zum Tierarzt bringen, weil Ihr Hund unter Schmerzen leiden oder eine Krankheit haben könnte.
Frage 16:
b) Hunde fühlen sich wesentlich schneller bedroht, wenn sie angeleint sind, weil sie sich dann nicht frei bewegen und ausweichen können.
Frage 17:
d) Nein, man sollte nur in den Momenten mit dem Hund reden, in denen er nicht knurrt und sich brav verhält.

BASISWISSEN 4 – WESEN DES HUNDES & KOMMUNIKATION

Frage 1:
d) Beschwichtigungssignale sind Verhaltensmuster, die dazu dienen, dass Hunde Konfliktsituationen entweder abschwächen oder diese umgehen, zum Beispiel Gähnen, langsame Bewegungen oder Abwendung.
Frage 2:
c) Der Hund möchte entweder einen ernsten oder einen spielerischen Angriff starten.
Frage 3:
b) haben möglicherweise einen Fremdkörper im Gehörgang oder eine Gehörgangsentzündung.
Frage 4:
d) Der Hund hat Ihre Geste als Bedrohung aufgefasst.
Frage 5:
b) Nein, das ist Mobbing.
Frage 6:
d) Es müssen immer alle Körperteile sowie die Gesamthaltung des Hundes betrachtet werden, denn nur so lässt sich erkennen, welche Stimmungslage der Hund momentan hat.
Frage 7:
c) droht er.
Frage 8:
a) müde ist, sich in stressigen Situationen entspannen will oder beruhigend auf seinen Gegenüber wirken möchte.
Frage 9:
d) sich der Hund oftmals an seinem Besitzer orientiert.
Frage 10:
b) Nein, können sie nicht. Hunde sind jedoch in der Lage, einzelne Wörter und deren Bedeutung zu lernen und wiederzuerkennen.
Frage 11:
d) sowohl ihre Lautsprache als auch ihre Körpersprache.

Frage 12:
d) Ja, Hunde achten bei Menschen auf die Körpersprache.
Frage 13:
b) Wie viel Bewegung ein Hund benötigt, ist davon abhängig, wie groß und alt er ist und wie sein Gesundheitszustand aussieht.
Frage 14:
a) Der Hund lässt seinen Blick über den nach oben gehaltenen Nasenrücken wandern, er zieht seine Maulwinkel stark nach hinten und bellt drohend.
Frage 15:
b) Der Hund fixiert das Gegenüber, zieht seine Nase kraus, die Lefzen hoch und knurrt.
Frage 16:
a) Der Hund haart stark und zeigt unruhiges Verhalten.
Frage 17:
c) zeigt er unterwürfiges Verhalten und möchte am Bauch gekrault werden.

BASISWISSEN 5 – HUNDEGESUNDHEIT

Frage 1:
d) Aufmerksamkeit
Frage 2:
d) Eiweiß, Fette, Kohlenhydrate, Vitamine, Ballaststoffe, Spurenelemente und Mineralstoffe
Frage 3:
c) spezielle Schutzimpfungen und regelmäßige Wurmkuren
Frage 4:
c) Leptospirose, Parvovirose und Staupe
Frage 5:
d) Die Entscheidung muss individuell, je nach Hund und Alltag, getroffen werden.
Frage 6:
a) Man sollte den Hund regelmäßig impfen und seinen Körper täglich anschauen, damit Veränderungen oder Parasitenbefall umgehend erkannt werden können.
Frage 7:
a) So viel Futter, wie der Hund benötigt, um eine schlanke Figur zu haben, ohne dabei zu- oder abzunehmen.
Frage 8:
c) Das Maul des Hundes wird mit einer Maulschlinge gesichert, wobei man diese von unten um die Hundeschnauze wickelt, anschließend einen Halbknoten auf der Schnauze bindet, die Maulschlinge nochmals um die Schnauze des Hundes wickelt und einen Halbknoten unter der Schnauze bindet und zuletzt die Enden hinter den Ohren des Hundes verknotet.
Frage 9:
d) Ja, damit der Tierarzt nachprüfen kann, ob der Hund ausreichend Impfschutz erhalten hat, und dieser zukünftige krankheitsbedingte Verhaltensweisen des Hundes besser einordnen kann.
Frage 10:
a) Ja, Krankheiten können durch Hundekot übertragen werden.

Frage 11:
c) Man sollte den Hund zum Tierarzt bringen, da er binnen weniger Tage austrocknen kann.
Frage 12:
a) Bitterschokolade, rohes Schweinefleisch und Macadamia-Nüsse.
Frage 13:
c) Tastsinn und Geschmackssinn
Frage 14:
b) zwischen 38,0 °C und 39,0 °C
Frage 15:
c) Welpen haben 28 Zähne und erwachsene Hunde 42 Zähne
Frage 16:
c) Der Tierarzt, der den Hund geimpft hat
Frage 17:
c) Durch den EU-Heimtierausweis kann die Identität des Tieres überprüft werden. Gleichzeitig gilt er als Impfnachweis, weshalb er beim Reisen mit dem Tier ins Ausland mitzuführen ist.

BASISWISSEN 6 – ALLTAG MIT DEM HUND

Frage 1:
d) Man sollte sich Gedanken darüber machen, ob die Rasseveranlagung des ausgewählten Hundes zum eigenen Lebensstil passt.
Frage 2:
b) bei der Gemeinde zur Hundesteuer angemeldet werden.
Frage 3:
c) Sie sollten Ihren Hund zu sich rufen, ihn anleinen und erst dann wieder loslassen, wenn Sie mit Sicherheit wissen, dass Ihr Hund dem Jogger nicht nachjagen wird.
Frage 4:
a) Sie sollten Ihren Hund zu sich rufen und ihn an die Leine nehmen.
Frage 5:
c) Der Hundebesitzer
Frage 6:
c) In der Nähe von Kinderspielplätzen sollten Sie Ihren Hund grundsätzlich immer anleinen, um zu vermeiden, dass sich jemand gefährdet und/oder belästigt fühlt oder dass Ihr Hund auf dem Spielplatz sein Geschäft verrichtet.
Frage 7:
b) Sie leinen Ihren Hund an.
Frage 8:
c) Der Hund sollte gesichert, zum Beispiel in einer Transportbox auf dem Rücksitz, transportiert werden.
Frage 9:
c) Die Menge der verwendeten Leckerlis muss von der vorgesehenen Menge der Hundemahlzeiten abgezogen werden.
Frage 10:
a) Man sollte ganz ruhig bleiben und sich zwischen sein Kind und den Hund stellen.

Frage 11:
d) Nein, eine Aufsicht ist notwendig, da es immer zu kritischen Situationen kommen kann.
Frage 12:
c) In der Öffentlichkeit darf man seinen Hund mit anderen Hunden spielen lassen, wenn im Vorfeld mit den anderen Hundebesitzern besprochen wurde, dass der Spielkontakt erwünscht ist und die Hunde zudem frei laufen können.
Frage 13:
d) Der Hundebesitzer sollte eine Haftpflichtversicherung abschließen.
Frage 14:
c) Ich leine meinen Hund umgehend an, damit sich niemand durch meinen Hund bedroht fühlt.
Frage 15:
d) Man leint den Hund im Auto an und lässt ihn dann erst aussteigen.
Frage 16:
a) Ja, es ist sinnvoll, weil jeder Hund einen Schaden verursachen kann, für den sein Besitzer aufkommen muss
Frage 17:
c) Ja, es ist sinnvoll, weil sich Hunde über den Mikrochip ihren Besitzern zuordnen lassen.